수학 IN 스포츠

Maths in Sport

정상권 · 정봉진 지음

KYOWOO

머리말

우리는 전문적인 스포츠 선수는 아닙니다. 모든 스포츠를 평균보다 잘하는 선수도 아닙니다. 더욱이 실제로 접해보지 않은 피겨스케이트와 같은 종목의 운동도 있습니다. 그러나 우리는 스포츠 참여자이든 스포츠 관람자의 입장이든 스포츠를 좋아하는 사람들입니다.

체육에 대해 수학적인 해석을 붙여가는 글을 쓴다는 것 자체가 이상하게 보일지도 모릅니다. 재미삼아, 그러나 유용함을 기대하며 이 책을 썼습니다. 이런 과정에서 다른 사람들의 연구나 지식이 많이 인용되었으며, 이들의 지식을 나름대로의 관점에서 요약하고 정리하였습니다. 처음부터 본격적인 학술 논문처럼 이 책을 쓰려는 의도는 물론 없었습니다. 단지 수학을 좋아하고 가르치는 사람들이 수학과 체육을 어떻게 연결할지, 또 수학이 체육과 전혀 관계가 없다고 생각하던 사람들이 수학을 통해서 체육을 더 잘 이해하길 바라는 의도에서 책을 써보기로 했습니다.

따라서 이 책의 내용은 각각의 스포츠를 기술적으로 자세히 설명하는데 목적이 있는 것은 아니라서 학술적으로 엄밀하지는 않을 것입니다. 그렇다고 아주 틀린 이야기도 아닐 것입니다. 사실 우리가 접하는 실제의 시스템을 정확하게 이해하기란 불가능할 뿐만 아니라 이것을 수학적으로 표현한다는 것은 더더욱 불가능합니다. 더욱이 우리의 몸과 관련된 운동에 대해서는 알려지지 않은 것들이 너무나 많이 있습니다. 그러나 우리가 가지고 있는 지식의 한계 내에서 물리적 환경과 신체적 환경 시스템을 해석하려고 하는 것은 누구나 가지고 있는 지적 욕구일 것입니다. 우리도 마찬가지입니다. 여기에서 언급하는 것은 우리의 경험에 비추어 완벽하게 똑같지는 않지만 그래도 어느 정도 받아들일 수 있는 범위 내에서 스포츠에서 일어나는 몇 가지 문제들을 수학적으로 설명하려고 하였습니다.

앞에서 언급했듯이 이 책은 전문적인 학술서적이 아니기 때문에 인용을 자세히 밝히지 않았습니다. 그러나 책을 쓰면서 참고한 내용에 관련된 것들은 매 장마다 참고문헌을 달아 두어, 더욱 자세한 내용을 알고 싶은 경우에 빠른 정보를 얻도록 하였습니다. 또한 수학적으로 좀 더 설명이 필요한 부분은 Technical Notes를 두어 보충함으로써, 본문에서 지나치게 수학적인 것을 다루는 것을 피하도록 하였고 수학, 특히 학교 수학이 스포츠의 영역에 어떻게 사용되는지를 느끼도록 하였습니다.

늘 새로운 시도의 출판을 맡아주는 교우사와 지금의 우리가 있게 해주신 은사들과 동료들에게 감사를 드립니다. 특히 언제나 참고 기다려주며 기도해주는 가족들에게 고마움을 표현하고 싶습니다.

정상권, 정봉진

차례

제1장 오락

1.1 주사위

사람들이 내기나 오락으로 하는 게임에는 여러 가지가 있는데, 그 중에 오래된 것 중의 하나는 주사위 놀이이다. 바빌로니아나 이집트 시대에도 주사위는 있었으나, 주사위의 점이 나오는 것에 대하여 수학적으로 처음 기록한 사람은 아마도 카르다노(Cardano; 1501－1576)일 것이다. 그런데 불행히도 그의 사후 한 세기가 지나서야 기록이 발표되었다. 1613～1623년 사이에는 갈릴레오(Galileo; 1564－1642)가 주사위 놀이에서 수학의 역할에 대하여 몇 가지 질문을 제기하였다. 특히 두 세 개의 주사위를 던질 때 나올 수 있는 서로 다른 합이 몇 가지인가 하는 문제는 그 중 하나이다.

<그림 1.1 카드와 주사위>

[출처 : flickr.com]

처음은 아니지만, 드 메레(Chevalier de Mere)란 필명의 저술가인 곰바우(Antoine Gombaud; 1607-1684)는 그의 내기 경험에서 얻은 의문을 수학적으로 설명이 가능한지를 생각하였다. 그는 주사위를 네 번 던질 때 적어도 하나의 6이 나오는 것에 내기를 걸어 많은 돈을 땄다. 또한, 두 개의 주사위를 24번 던졌을 때 두 개의 6의 눈이 적어도 1번 나오는데 내기를 거는 것이 이익이라고 하여 돈을 걸었다. 그러나 이 내기에서는 졌다. 왜 그랬을까? 이것이 그 중 한 문제였다.

이 문제에 대한 답은 확률을 구해보면 알 수 있다. 한 개의 주사위를 4번 던질 때 나오는 경우의 수는 $6^4 = 1296$이고, 6이 한 번도 나오지 않을 경우의 수는 $5^4 = 625$ 이다. 따라서 적어도 한 번 6이 나오는 경우는

$$1296 - 625 = 671$$

이므로, 적어도 한 번 6이 나올 확률은

$$\frac{671}{1296} = 0.5178 > \frac{1}{2}$$

이다. 이런 이유로 드 메레는 돈을 딸 수 있었다.

그런데 두 개의 주사위를 던질 때 나오는 모든 경우의 수는 $6^2 = 36$이고 이 중 두 주사위가 모두 6이 나올 경우는 한 번이므로, 36가지 중 나머지 35가지는 원하지 않는 경우이다. 따라서 두 개의 주사위를 24번을 던졌을 때 6이 동시에 한 번도 나타나지 않을 확률은

$$\left(\frac{35}{36}\right)^{24} = 0.5086 > \frac{1}{2}$$

이다. 따라서 적어도 한번 6의 눈이 나올 확률은

$$1 - 0.5086 = 0.4914 < \frac{1}{2}$$

이다.

그러므로 두 번째 내기에서는 드 메레가 지게 되는 경우가 더 많은 것이다. 그럼에도 불구하고 드 메레는 자신의 경험에만 의존하여 내기를 하여 돈을 잃게 되었다.

드 메레가 가지고 있던 또 하나의 문제는, 내기가 중간에서 멈추었을 때 돈을 어떻게 공평하게 배분하여야 하는가 하는 문제이다. 예를 들어 두 사람 A와 B가 내기를 하는데 5점을 먼저 얻은 사람이 이기는 내기에서 A가 4:2로 이긴 상태로 경기가 중단되었다. 경기가 완전히 끝나지 않은 상태에서 상금을 어떻게 나누는 것이 공평한가하는 문제이다.

드 메레는 이와 같은 문제를 자신의 친구인 파스칼(Pascal; 1623－1662)에게 물었고 페르마(Fermat; 1601－1665)와 몇 번의 편지 교환을 통해 드 메레의 문제가 설명되었다. 이 과정에서 확률의 개념이 탄생되었으며 유명한 파스칼의 삼각형도 이때 등장한다.

위의 문제에 대한 답을 구하기 위해서는, 만약 내기가 중단되지 않았을 때 그 결과가 어떻게 되었을까를 알아보고 결정하면 된다. 만약 이기는 사람이 확정될 때까지 모든 경기를 한다고 하자. 그런데 이미 6경기를 치렀으므로, 앞으로 세 경기를 더 하면 누가 이기는 지가 완전히 결정된다.

이제 남은 세 경기를 이기는 경우를 따져보면 아래 <표 1.1>과 같다.

<표 1.1 승패>

7회	8회	9회	승자
A	A	A	A
A	A	B	A
A	B	A	A
B	A	A	A
B	B	A	A
B	A	B	A
A	B	B	A
B	B	B	B

앞의 <표 1.1>에서 나오는 경우의 수는 모두 8가지이고, 이 중 A가 이기는 경우는 7가지이다. 따라서 상금의 $\frac{7}{8}$을 A가 갖고 $\frac{1}{8}$을 B가 가지면 공정한 분배가 된다. 이와 같이 확률을 잘 계산하면 공정한 게임과 분배를 할 수 있다.

1.2 카드놀이

이제 수학적 확률을 우리가 잘 알고 있는 포커(poker) 게임에 적용해 보자. 포커는 52장의 카드를 가지고하는 놀이로, 52장의 카드는

$$\{\clubsuit,\ \diamondsuit,\ \heartsuit,\ \spadesuit\}$$

의 4개의 그림과 각 그림마다

$$\{2,\ 3,\ 4,\ 5,\ 6,\ 7,\ 8,\ 9,\ 10,\ J,\ Q,\ K,\ A\}$$

의 13개의 숫자로 구성되어 있다. 물론 조커(joker)와 와일드카드(wild card)가 있기는 하지만 여기서는 이들을 제외하기로 한다.

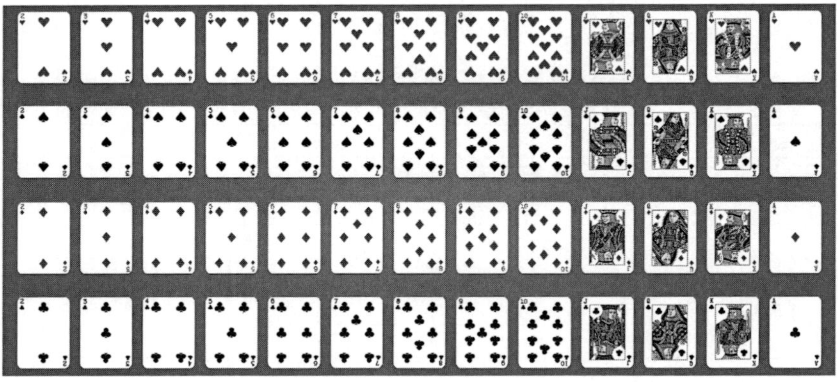

<그림 1.2 카드>

포커에서 먼저 5장의 카드를 뽑는 방법은

$$_{52}C_5 = \frac{52!}{5!47!} = 2,598,960$$

가지이다. 이 중에서 스트레이트 플러시(straight flush)는 5장의 카드가 같은 그림이면서 숫자가 순서대로 나열된 것을 말한다. 스트레이트는 A, 2, 3, ..., 10의 10개의 숫자로 시작할 수 있으며 4종의 그림이 있으므로, 스트레이트 플러시를 만드는 방법은

$$_{10}C_1 \times {}_4C_1 = 40$$

가지가 있다. 또 4 카드(4 of a kind)는 같은 숫자 4개와 나머지 하나로 이루어진 것이므로, 이 경우의 수는

$$_{13}C_1 \times {}_4C_4 \times {}_{48}C_1 = 624$$

가지이다. 풀 하우스(full house)는 같은 숫자 3개와 또 다른 같은 숫자 2개로 이루어진 것이므로, 이 경우의 수는

$$_{13}C_1 \times {}_4C_3 \times {}_{12}C_1 \times {}_4C_2 = 3744$$

가지이다. 플러시(flush)는 같은 그림의 카드가 5장 있는 것이므로, 이 경우의 수는

$$_{13}C_5 \times {}_4C_1,$$

스트레이트는 카드 그림과 상관없이 5개의 숫자가 순서대로 나열된 것이므로, 이 경우의 수는

$$_{10}C_1 \times {}_4C_1 \times {}_4C_1 \times {}_4C_1 \times {}_4C_1 \times {}_4C_1$$

이고, 트리플(triple, 3 of a kind)은 같은 숫자가 3개 있는 것이므로 경우의 수는

$$_{13}C_1 \times {}_4C_3 \times {}_{48}C_2$$

이다.

또 투 페어(two pair)는 같은 수 두 개의 짝이 둘인 것이므로 경우의 수는

$${}_{13}C_2 \times {}_4C_2 \times {}_4C_2 \times {}_{44}C_3$$

이고, 원 페어(one pair)는 같은 수의 짝이 하나인 것을 말하므로 경우의 수는

$${}_{13}C_1 \times {}_4C_2 \times {}_{48}C_3$$

한다. 이들의 경우의 수를 계산하면 다음과 같다.

카드	계산 방법	경우의 수
스트레이트 플러시	${}_{10}C_1 \cdot {}_4C_1$	40
4 카드	${}_{13}C_1 \cdot {}_{48}C_1$	624
풀하우스	${}_{13}C_1 \cdot {}_4C_3 \cdot {}_{12}C_1 \cdot {}_4C_2$	3744
플러시	${}_{13}C_5 \cdot {}_4C_1$	5148
스트레이트	${}_{10}C_1 \cdot {}_4C_1 \cdot {}_4C_1 \cdot {}_4C_1 \cdot {}_4C_1 \cdot {}_4C_1$	36864
트리플	${}_{13}C_1 \cdot {}_4C_3 \cdot {}_{48}C_2$	58656
투 페어	${}_{13}C_2 \cdot {}_4C_2 \cdot {}_4C_2 \cdot {}_{44}C_3$	885456
원 페어	${}_{13}C_1 \cdot {}_4C_2 \cdot {}_{48}C_3$	1349088

예를 들어 내 손에 스페이드 7, 하트 7, 클럽 K, 다이아몬드 8, 하트 3을 가지고 있다고 하자. 그러면 다음 한 장의 카드를 가지고 7-트리플을 만들 확률을 구하여보자. 이때 이미 버린 카드와 상대방이 가지고 있는 카드를 무시하면, 남은 47장의 카드 중에서 2장의 7 카드가 있으므로, 구하는 확률은

$$\frac{2}{47} = 0.0426$$

이다. 즉, 7-트리플을 만들 확률은 4.27%이다. 그러나 이것은 모든 카드가 카드 뭉치(deck)에 다 있다고 가정했을 때의 이야기다. 이는 실제 게임과는 다르다. 이 값은 단지 우리가 기대할 수 있는 최댓값일 뿐이다. 왜냐하면 내가 원하는 카드를 상대방이 가지고 있을 수 있기 때문이다.

1.3 퀴즈 프로그램

우리나라의 TV 프로그램 중에 1 : 100이란 프로그램이 있는데, 이와 같은 "Let's Make a Deal"이란 TV 프로그램의 몬티 홀(Monty Hall) 문제에 대하여 알아보자. TV 프로그램 사회자인 몬티 홀이 퀴즈 경쟁자에게 3개의 문 중에서 하나의 문을 선택할 권리를 주었다.

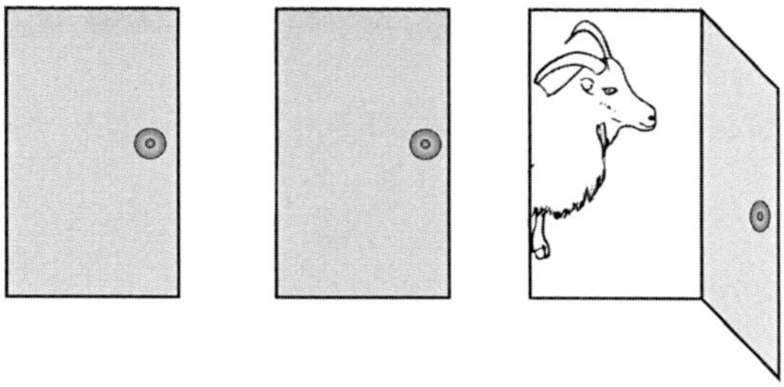

<그림 1.3 몬티 홀 문제>

[출처 : en.wikipedia.org]

하나의 문 뒤에는 자동차(비싼 경품)가 숨겨져 있고 나머지 두 개의 문에는 염소(싼 경품)가 경품으로 숨겨져 있다. 경쟁자가 하나의 문(예를 들어 문1)을 선택했을 때, 문 뒤에 무엇이 숨겨져 있는지를 아는 사회자 몬티 홀이 염소가 숨겨져 있는 문(예를 들어 문3)을 열어 보이고, "자 선택을 바꾸어 문2로 바꾸시겠습니까 아니면 그대로 있겠습니까?"하고 묻는다. 이때 경쟁자는 선택을 바꾸는 것이 유리한가? 아니면 그대로 있는 것이 유리한가?

열어보지 않은 문이 2개가 남아 있고 하나의 문 뒤에는 자동차가 있고 나머지 하나의 문 뒤에는 염소가 있으므로, 대부분의 사람들은 자신이 선택한 문 뒤에 차가 있을 확률이 0.5라고 생각하여 굳이 처음의 선택을 바꿀 이유가 없다고 생각한다. 그러나 결론적으로 말하면 처음의 선택을 바꾸는 것이 자동차에 당첨되는 데 유리하다. 왜 그럴까? 이것을 직관적으로 설명하면 다음과 같다.

만약 처음의 선택을 바꾸지 않는다고 생각해 보자. 처음 선택한 문 뒤에 자동차가 있을 확률은 $\frac{1}{3}$이므로, 선택한 문 뒤에 자동차가 없을 확률은 $\frac{2}{3}$이다. 또 처음 선택하지 않은 2개의 문 중 하나에 염소가 있다는 것을 알고 있다. 그런데 몬티 홀은 염소가 있는 하나의 문을 보여 주었으나, 이것은 처음 선택이 잘된 것일 확률에 영향을 주지 않는다. 그러므로 처음 선택이 옳을 확률은 아직도 $\frac{1}{3}$이고 틀릴 확률은 $\frac{2}{3}$이다. 다시 말하면 선택되지 않은 문 뒤에 자동차 경품이 있을 확률이 $\frac{2}{3}$라는 것이다. 이것은 선택한 문 뒤에 차가 있을 확률이 0.5라고 생각한 것보다는 불리한 상황이다. 따라서 처음의 선택을 바꾸는 것이 유리하다.

위의 몬티 홀 문제를 좀 더 수학적으로 설명해보자. $i\,(i=1,\,2,\,3)$번째 문 뒤에 자동차가 있는 사건을 C_i라 하고, i번째 문을 택했을 때 몬티 홀이 j번째 문을 여는 사건을 H_{ij}라 하자. 염소가 있는 문이 두 개가 있으면 몬티 홀이 둘 중 하나를 열어 줄 확률은 반반이고, 하나가 있으면 몬티 홀은 그 문을 열어 주어야만 한다.

따라서 자동차가 있을 사건을 C_k라고 하면

$$H_{ij}=\begin{cases}0 & i=j(\text{경쟁자가 선택한 문을 열지 않는다})\\ 0 & j=k(\text{자동차가 있는 문을 열지 않는다})\\ \frac{1}{2} & i=k(\text{열 수 있는 두 개의 문이 있다})\\ 1 & i\neq k,\, j\neq k(\text{열 수 있는 문이 하나만 있다})\end{cases}$$

이다.

예를 들어 경쟁자가 1번 문을 선택하고 몬티 홀이 3번 문을 열었다고 해보자. 그러면

$$P(H_{13}|C_1)=\frac{1}{2},\quad P(C_1)=\frac{1}{3}$$

이므로

$$P(C_1|H_{13}) = \frac{P(H_{13}|C_1)P(C_1)}{P(H_{13})} = \frac{\frac{1}{2}\times\frac{1}{3}}{P(H_{13})}$$

이다. 그런데

$$\begin{aligned} &P(H_{13}) \\ &= P(H_{13}|C_1)P(C_1) + P(H_{13}|C_2)P(C_2) + P(H_{13}|C_3)P(C_3) \\ &= \frac{1}{2}\times\frac{1}{3} + 1\times\frac{1}{3} + 0\times\frac{1}{3} = \frac{1}{2} \end{aligned}$$

이므로,

$$P(C_1|H_{13}) = \frac{1/6}{1/2} = \frac{1}{3}$$

이다. 다시 말하면 경쟁자가 1번 문을 택하고 몬티 홀이 염소가 있는 3번 문을 열어보였을 때, 문을 바꾸지 않고 있으면 1번 문 뒤에 자동차가 있을 확률은 $\frac{1}{3}$이다.

이제 경쟁자가 1번 문을 택했다가 몬티 홀이 3번 문을 보여준 뒤 2번 문으로 바꾼 경우의 확률 $P(C_2|H_{13})$을 생각해보자. 그런데

$$P(C_1|H_{13}) + P(C_2|H_{13}) + P(C_3|H_{13}) = 1$$

이고 $P(C_3|H_{13}) = 0$이므로

$$P(C_2|H_{13}) = 1 - P(C_1|H_{13}) = 1 - \frac{1}{3} = \frac{2}{3}$$

이다. 다시 말하면 처음 선택한 문을 바꾸었을 때 자동차가 당첨될 확률은 $\frac{2}{3}$이다. 그러므로 몬티 홀이 어느 문을 열어 보이더라도 무조건 처음 선택한 문을 바꾸는 것이 경쟁자에게 유리하다.

1.4 동전 던지기

동전을 8번 던질 때 뒷면이 세 번 나올 경우의 수는 ${}_8C_3$이므로, 이 때의 확률은

$$ {}_8C_3 \times \left(\frac{1}{2}\right)^6 \times \left(\frac{1}{2}\right)^3 = \frac{7}{32} $$

이다. 같은 방법으로 동전을 n번 던질 때 뒷면이 r번 나올 확률은

$$ {}_nC_r \times \left(\frac{1}{2}\right)^r \times \left(\frac{1}{2}\right)^{n-r} $$

이다. 이러한 사실을 좀 더 일반적으로 확장하여보자.

어떤 사건이 나올 확률을 p, 그렇지 않을 확을 $q = 1 - p$인 독립시행을 n번 반복할 때, 사건이 r번 나올 확률은

$$ {}_nC_r \times p^r \times q^{n-r} $$

이다. 이와 같은 확률의 분포를 갖는 분포를 이항분포(binomial distribution) $B(n,\ P)$라고 한다. 이항분포는 이항정리

$$ (p+q)^n = {}_nC_0p^n + {}_nC_1p^{n-1}q + {}_nC_2p^{n-2}q^2 + \cdots + {}_nC_nq^n $$

의 계수와 밀접한 관계가 있다. 이 계수는 다음과 같은 파스칼의 삼각형을 이룬다.

$$
\begin{array}{ccccccccccccccc}
 & & & & & & & 1 & & & & & & & \\
 & & & & & & 1 & & 1 & & & & & & \\
 & & & & & 1 & & 2 & & 1 & & & & & \\
 & & & & 1 & & 3 & & 3 & & 1 & & & & \\
 & & & 1 & & 4 & & 6 & & 4 & & 1 & & & \\
 & & 1 & & 5 & & 10 & & 10 & & 5 & & 1 & & \\
 & 1 & & 6 & & 15 & & 20 & & 15 & & 6 & & 1 & \\
1 & & 7 & & 21 & & 35 & & 35 & & 21 & & 7 & & 1 \\
 & & & & & & & \vdots & & & & & & &
\end{array}
$$

<그림 1.4 파스칼 삼각형>

이항정리나 파스칼의 삼각형을 이용하면 경기의 예상 확률을 쉽게 구할 수 있다. 예를 들어, 미국 야구의 월드시리즈에서 레드 삭스(Red Sox)가 카디날스(Cardinals)를 한 경기의 이길 확률이 0.6이라고 할 때, 월드 시리즈가 7경기를 치룰 확률은 6번의 경기에서 레드 삭스가 3번만 이기는 경우의 확률과 같다. 따라서 구하는 확률은

$$ {}_3C_3 \times (0.6)^3 \times (0.4)^3 = 0.2765 $$

가 된다.

이제 이항정리나 파스칼의 삼각형을 이용하여 동전을 8번 던질 때 뒷면이 나오는 확률의 분포를 그림으로 나타내면 다음과 같다.

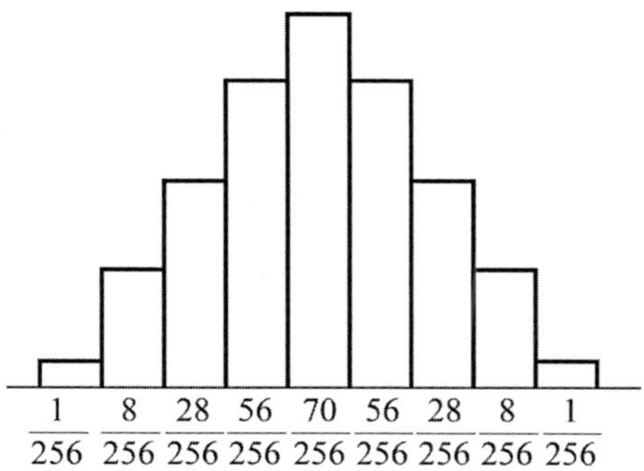

<그림 1.5 이항분포>

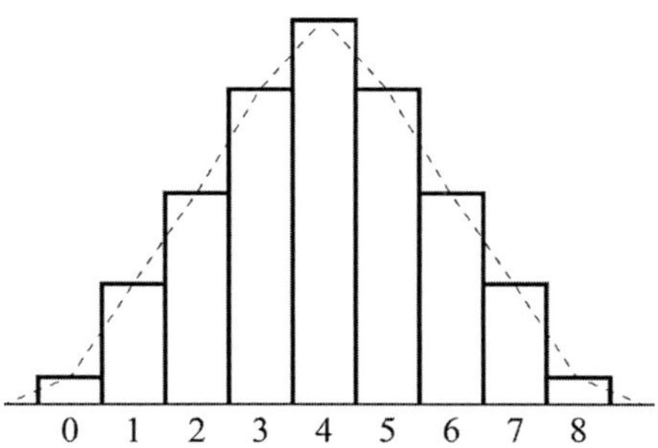

<그림 1.6 이항분포와 정규분포>

앞의 <그림 1.5>를 살펴보면

① 직사각형의 넓이의 합은 1이다.

② 가장 많이 일어나는 경우는 수평축에서 평균 $m = np$인 경우이다.

③ 이 분포의 분산은 $\sigma^2 = npq$이다.

④ n의 수를 크게 하면 이 그림은 아래 <그림 1.6>과 같이 정규분포(normal distribution)의 종 모양(bell shape)에 가까워진다.

특히 평균 $m = 0$이고 표준편차(standard deviation)가 1인 정규분포가 중요하게 사용되는데, 이 분포를 표준정규분포(standard normal distribution)라고 한다. 표준정규분포의 확률밀도함수 $f(x)$는

$$f(x) = \frac{1}{\sqrt{2\pi}} e^{-\frac{x^2}{2}}$$

으로 나타난다. 이를 이용하여 표준정규분포의 확률변수 Z에 대하여

$$P(Z \leq 2.12) = \int_{-\infty}^{2.12} f(z)dz = 0.9830$$

임을 알 수 있다.

물론 여기서 정확한 적분 값을 구할 수 없으므로 0.9830은 적분의 근삿값으로 아래 <그림 1.7>에서 곡선과 축으로 둘러싸인 빗금 친 부분의 넓이를 나타낸다.

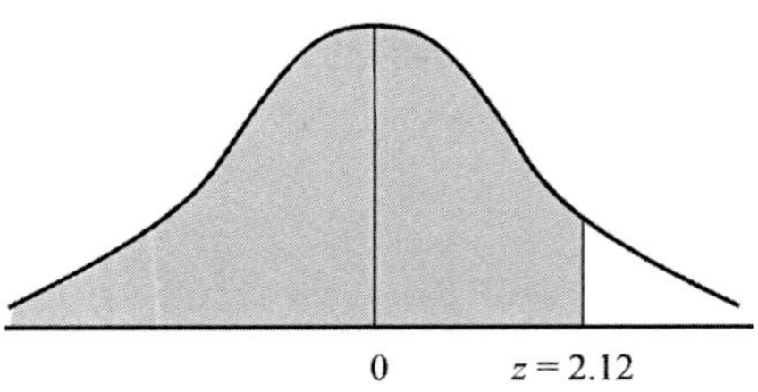

<그림 1.7 표준정규분포 곡선>

1.5 룰렛

표준정규분포를 이용하면 카지노(Casino)에서 다음과 같은 아메리칸 룰렛(American Roulette)의 빨간색에 매번 1달러씩 100번 걸었을 때 돈을 딸 확률을 구할 수 있다.

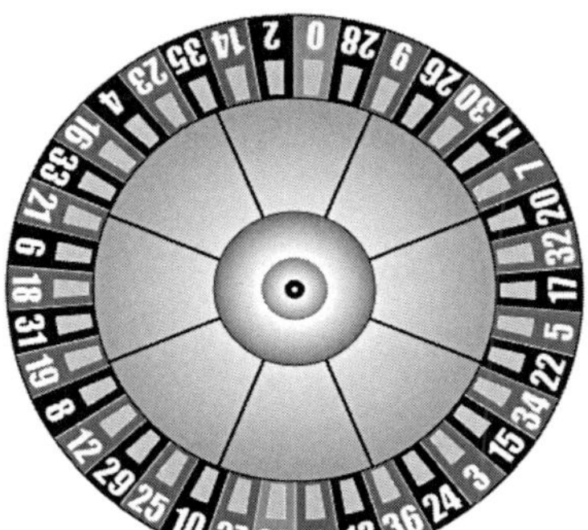

<그림 1.8 표준정규분포 곡선>

[출처 : https://commons.wikimedia.org]

38개의 칸 중 18개가 빨간색으로 되어 있는 아메리칸 룰렛에서 빨간색에 돈을 걸었을 때 이길 확률은 $\frac{18}{38} = 0.474$이다. 먼저 r번 이긴다면 $(100-r)$번은 진다는 것이므로, 우리가 원하는 경우는

$$r + (-1)(100-r) > 0$$

이다. 즉

$$r \geq 51$$

이다. 이에 대한 z값은 다음과 같다.

$$z = \frac{(51-0.5)-100\times 0.474}{\sqrt{100\times 0.474\times 0.526}} = 0.62$$

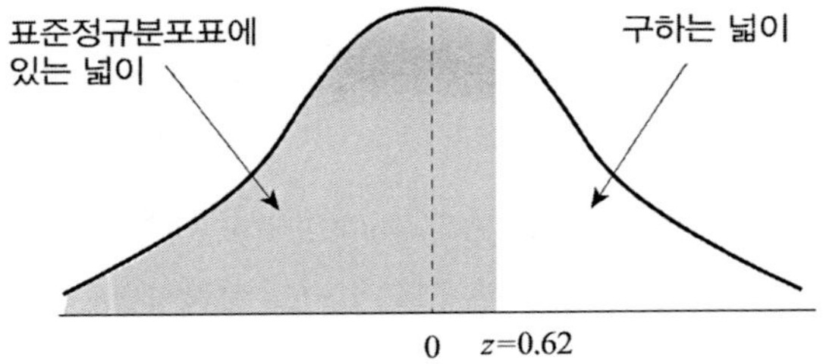

<그림 1.9 정규분포와 확률>

따라서 표준정규분포의 확률을 계산하여 표로 나타낸 표준정규분포표를 이용하면 $r \geq 51$일 확률은

$$1 - 0.7324 = 0.2672$$

이다.

아메리칸 룰렛 게임에서 룰렛을 38번 돌렸을 때 모두 서로 다른 수가 나올 확률은

$$\frac{38!}{38^{38}} = 4.861203 \times 10^{-16}$$

이다. 이것은 번개를 맞을 확률과 같기 때문에 이런 것을 기대할 수가 없다. 그렇다면 아메리칸 룰렛을 38번 돌렸을 때 몇 개의 서로 다른 수가 나올 것을 기대할 수 있을까? 사실 k개의 서로 다른 숫자가 나올 확률은

$$P(X = k) = {}_{38}C_k p^k (1-p)^{38-k}$$

이다. 그러나 이 경우

$$p = \frac{1}{38},\ 1 - p = \frac{37}{38}$$

이므로 $P(X = k)$의 값을 실제로 손으로 계산하기가 어렵다. 따라서 새로운 확률분포의 도움이 필요하다.

이항분포 $B(n,\ p)$에서 평균 $\lambda = np$의 값을 설정하고 n을 충분히 크게 하면

$$\begin{aligned} P(X = k) &= {}_nC_k p^k (1-p)^{n-k} \\ &= \frac{1}{k!} \times \frac{n}{n} \times \frac{n-1}{n} \times \\ &\quad \cdots \times \frac{n-k+1}{n} \times \lambda^k \left(1 - \frac{\lambda}{n}\right)^n \left(1 - \frac{\lambda}{n}\right)^{-k} \\ &\approx \frac{\lambda^k}{k!e^{\lambda}} \end{aligned}$$

이다. 이와 같은 확률분포를 포아송 분포(Poisson distribution)라고 하는데, 이 분포는 특정한 시간이나 장소 또는 범위에서 어떤 사건이 일어나는 횟수를 나타내는데 자주 사용되는 확률분포이다.

예를 들어 농구선수의 슛 성공률이 45%이고 한 시즌에 800개의 슛을 한다고 할 때, 8번 연속해서 골을 넣을 확률은 얼마인가를 구해보자. 이 선수가 8번을 연속해서 골을 넣을 확률은

$$(0.45)^8 = 0.0017$$

이므로, 포아송 분포를 이용하여 확률을 구할 수 있다. 그런데

$$\lambda = 800 \times 0.0017 = 1.36$$

이므로, 8번 연속 골이 한 번 들어 갈 확률은

$$\frac{\lambda^1 e^{-1.36}}{1!} = 0.3490$$

이다.

이와 같이, 확률을 이용하면 어떤 선수를 영입하고 기용해야 할지를 판단할 수 있다.

Technical Notes

1. 오락

오락이나 게임을 스포츠라고 할 수 있느냐에 대해서는 여러 가지로 논란이 있으나, 여기서는 넓은 의미에서 스포츠라고 생각하였다. 이런 의미에서 인터넷상의 바둑이나 게임을 e스포츠라고 부르기도 한다.

2. 조합

서로 다른 n개에서 r개를 뽑는 경우의 수는

$$ {}_nC_r = \frac{n!}{r!(n-r)!} $$

이다. 여기서 $n! = n(n-1)(n-2)\cdots 3\cdot 2\cdot 1$이다.

3. 확률

어떤 시행(experiment)에서 나타날 수 있는 모든 가능성의 집합을 표본공간(sample space)이라고 한다. 예를 들어 공평한 하나의 주사위를 던질 때 나타나는 경우에 대한 표본공간은

$$ S = \{1,\ 2,\ 3,\ 4,\ 5,\ 6\} $$

이다. 이때 {1}, {2}, ···, {6}을 각각 근원사건이라고 한다.

또 각각이 나타나는 정도가 같을 때 이들은 같은 정도(equally likely)로 나타난다고 한다. 그런데 주사위는 기억력을 가지고 있지 않으므로, 각각의 주사위를 던지는 시행은 앞의 것에 영향을 받지 않는다. 이러한 사건을 독립사건(independent event)이라고 한다. 사실 사건이란 표본공간의 부분집합을 말하는데, 사건은 근원사건들의 모임이다.

사건 E가 일어날 가능성을 사건 E의 확률이라 하고, $P(E)$로 나타낸다. 확률에 대하여 다음 정리가 성립한다.

〈정리 1〉 표본공간을 S라 하자. 그러면 다음이 성립한다.

(1) $P(S)=1$

(2) 사건 E의 확률을 $P(E)=p$라 하면 $P(E^c)=1-p$

(3) 사건 E_1, E_2에 대하여 $E_1 \cap E_2 = \varnothing$ 이면

$P(E_1 \cup E_2)=P(E_1)+P(E_2)$

4. 조건부확률

카드놀이에서 2장의 A가 이미 나온 다음 한 장의 카드를 꺼낼 때 그것이 A일 확률은 얼마일까 하는 문제에서, 2장의 A가 나왔다는 정보는 구하는 확률에 영향을 끼친다. 이와 같이 어떤 사건이 그 다음 사건이 나올 확률에 영향을 미칠 때 이들은 종속적(dependent)이라고 한다. 다시 말하면 사건 A의 확률이 사건 B가 일어났느냐 그렇지 않느냐에 영향을 받으면, 사건 A는 사건 B에 종속적이라고 한다. 이때 조건부확률 $P(A|B)$는 사건 B가 일어난 다음 사건 A가 일어날 확률 $P(A \cap B)$는 사건 A와 B가 모두 일어날 확률이라 하자. 그러면

$$P(A|B)=\frac{P(A\cap B)}{P(B)}$$

이므로, 다음과 같은 성질이 성립한다.

〈정리 2〉 사건 E_1, E_2에 대하여

(1) E_1, E_2가 독립이면 $P(E_1 \cap E_2)=P(E_1)P(E_2)$

(2) $P(E_1 \cup E_2)=P(E)_1+P(E_2)-P(E_1 \cap E_2)$

(3) E_1, E_2가 종속이면 $P(E_1 \cap E_2)=P(E_1)P(E_2|E_1)$

5. 확률변수

주사위를 던질 때 주사위의 점의 수를 확인하기 전까지는 무엇이 나타날지 모른다. 이와 같이 어떤 실험에서 실험의 결과를 예측할 수 없는 변수를 확률변수(random variable)라고 부른다. 확률변수에는 변수의 값이 유한개이거나 셀 수 있는 무한개의 개별 값을 갖는 이산확률변수(discrete random variable)가 있고, 기다리는 시간의 범위와 같이 연속적인 값을 갖는 연속확률변수(continuous random variable)가 있다.

확률변수는 확률론에서 중요한 역할을 하는데, 보통 큰 문자 X로 나타낸다. 확률변수 X가 가질 수 있는 값을 $x_1, x_2, \cdots, x_n$이라 하고, 이들이 나타날 확률이 각각 $p_1, p_2, \cdots, p_n$이라 하면

$$p_1 + p_2 + \cdots + p_n = 1$$

이다. 이때

$$E(X) = x_1 p_1 + x_2 p_2 + \cdots + x_n p_n = m$$

을 확률변수 X의 평균(expectation, mean)이라고 한다. 또

$$\begin{aligned} V(X) &= E[(m-X)^2] \\ &= (m-x_1)^2 p_1 + (m-x_2)^2 p_2 + \cdots + (m-x_n)^2 p_n \\ &= \sigma^2 \end{aligned}$$

을 확률변수 X의 분산(variation)이라고 하고, σ를 표준편차(standard deviation)라고 한다. 분산은 확률변수가 평균으로부터 얼마나 흩어져 있는지를 나타낸다.

6. 표준 정규화

평균이 m이고 표준편차가 σ인 모집단에서 크기가 n인 표본을 임의로 추출할 때, n이 충분히 크면 표본평균

$$\overline{X} = \frac{1}{n}(X_1 + X_2 + \cdots + X_n)$$

는 근사적으로 정규분포 $N\left(m, \frac{\sigma^2}{n}\right)$을 따른다. 그러므로 새로운 확률변수

$$Z = \frac{\overline{X} - m}{\frac{\sigma}{\sqrt{n}}}$$

은 표준정규분포 $N(0,1)$을 따른다.

정규분포 $N\left(m, \frac{\sigma^2}{n}\right)$의 분포를 그림으로 나타내면 아래와 같다.

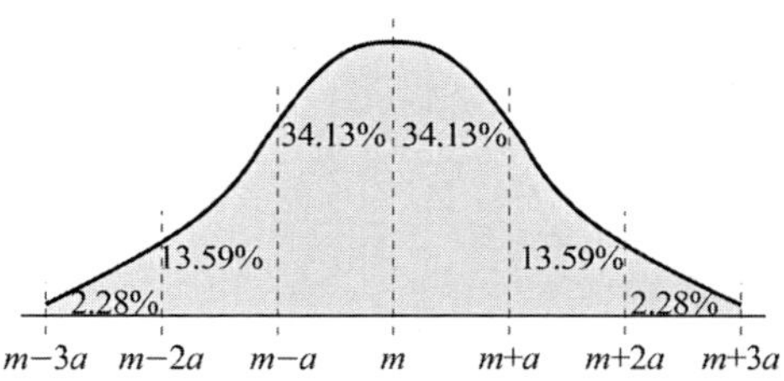

7. 포아송 분포

포아송 분포의 확률분포는

$$P(Y = k) = \frac{\lambda^k}{k! e^{\lambda}}, \quad k = 0,\ 1,\ 2,\ \cdots$$

로, 평균과 분산이 모두 λ이다. 왜냐하면 평균은

$$\begin{aligned} E(X) &= \sum_{b=0}^{\infty} kP(X = k) \\ &= \sum_{k=0}^{\infty} k \cdot \frac{\lambda}{k! e^{\lambda}} \\ &= \lambda e^{-\lambda}\left(1 + \lambda + \frac{\lambda^2}{2!} + \cdots\right) \\ &= \lambda e^{-\lambda} \cdot e^{\lambda} = \lambda \end{aligned}$$

또 분산은

$$\begin{aligned} V(X) &= E((X-\lambda)^2) \\ &= E(X^2 - 2\lambda X + \lambda^2) \\ &= E(X^2) - 2\lambda E(X) + \lambda^2 \\ &= E(X^2) - \lambda^2 \\ &= \lambda(\lambda+1) - \lambda^2 \\ &= \lambda \end{aligned}$$

이므로 분산도 λ이다.

참고문헌

[1] 정상권, 이재학, 박혜숙, 홍진곤, 박부성, 최홍원, 민진원, 김호경, **고등학교 확률과 통계**, 금성출판사(2014)

[2] A. G. Bluman, *Elementary statistics*, 6th ed., McGraw-Hill(2007)

[3] R. J. Gould, *Mathematics in games, sports, and gambling*, CRC Press(2010)

[4] A. M. Mood, F. A. Graybill, and D. C. Boes, Introduction to the theory of statistics, 3rd, ed., McGraw-Hill(1974)

제2장 스포츠 경영

2.1 스포츠 경영의 정의

스포츠 경영은 말 그대로 스포츠와 경영의 두 요소로 구성되어 있기 때문에 스포츠 경영을 대체적으로 스포츠 또는 건강과 관련된 활동이나 관련 제품 및 서비스 제공을 목적으로 하는 조직의 계획, 조직, 지휘, 평가 등의 기능이라고 정의한다. 즉 스포츠 경영은 교환 과정을 통해 스포츠 소비자의 필요와 욕구를 충족시킬 수 있도록 계획된 모든 행동을 의미하는 것으로, 스포츠 서비스의 생산과 마케팅을 위한 여러 가지 요소들의 협조적 결합으로 구성되어 있다. 따라서 스포츠 경영의 구성요소로는 일반적인 기업경영과 마찬가지로 사람, 자본, 정보, 전략으로 구성되어 있다고 볼 수 있다.

<그림 2.1 배구경기>

[출처 : pixabay.com]

스포츠 경영에서는 인적 자원을 어떻게 사용할 것인지를 계획하고, 선발하고, 훈련하며, 결과에 따라 어떻게 보상할 것인지 또 필요한 경우 기존 인적 자원을 어떻게 교체할 것인지를 관리하여야 한다. 또 스포츠 시설이나 스포츠 용품 생산 공장 등을 어디에 설치하고 어떻게 관리하느냐에 따라 자본을 어떻게 조달하고 이익을 창출할 것인가를 고민하여야 한다. 더욱이 이익을 극대화하기 위하여 타 시설이나 생산품, 가격 등에 관한 정보를 입수하여야 하며, 자신의 상품을 어떻게 홍보하여야 하는가에 대한 전략을 수립하여야 한다.

스포츠 상품을 개발하거나 생산하여 스포츠 소비자들에게 전달하는 것이 스포츠 경영의 목표이지만, 이러한 것을 가능하게 하려면 기업의 재무 기반이 튼튼하여야 한다. 스포츠 재무관리는 스포츠 팀, 구단, 시설물 또는 스포츠 용품업자들이 경영 목표를 달성하기 위하여 필요한 자본을 조달하고, 조달된 자본을 효과적으로 운용하고 관리하는 것이다. 물론 재무관리의 목표는 조직가치의 극대화에 있으며, 조직 가치의 극대화는 향후 투자 계획과 밀접한 관계가 있으므로 미래의 시장 환경 변동에 따른 불확실성을 포함하고 있다. 따라서 경영에 대한 의사결정을 합리적으로 해야 한다.

의사결정을 수행함에 있어 판단의 근거로 스포츠 상품의 미래가치와 현재가치를 정확하게 알아볼 필요가 있다. 예를 들어 현재 1,000만 원을 가지고 있다고 가정하고 만약 은행이자가 10%라면 1년 후의 미래가치는

$$1000 + 1000 \times \frac{10}{100} = 1100(\text{만 원})$$

이 될 것이다.

일반적으로 원금이 P_0, 이자율이 r이라면, 원금과 이자의 합인 원리합계는

$$1\text{년 후 } P_1 = P_0 + rP_0 = (1+r)P_0$$
$$2\text{년 후 } P_2 = P_1 + rP_1 = (1+r)P_1 = (1+r)^2 P_0$$
$$\vdots$$
$$n\text{년 후 } P_n = P_{n-1} + rP_{n-1} = (1+r)P_{n-1} = (1+r)^n P_0$$

가 될 것이다.

만약 1년을 n구간으로 나누어 복리로 계산한다면 t년 후의 원리합계는

$$P(t) = \left(1 + \frac{r}{n}\right)^{nt} P_0$$

가 될 것이다. 그런데

$$\left(1 + \frac{r}{n}\right)^{nt} = \left[\left(1 + \frac{r}{n}\right)^{\frac{n}{r}}\right]^{rt}, \qquad \lim_{n \to \infty}\left(1 + \frac{1}{n}\right)^{n} = e$$

이므로

$$P(t) = P_0 e^{rt} \tag{2.1}$$

가 된다.

한편 현재가치는 미래에 발생하게 될 현금의 흐름이 화폐가치를 현재의 시점에서 평가한 값이므로, 미래가치로부터

$$P_0 = \frac{P_n}{(1+r)^n} \tag{2.2}$$

임을 알 수 있다.

사실 스포츠 구단이나 클럽을 인수하거나 매각할 때는 많은 비용이 소요되므로, 스포츠 재정 관리자는 경기장의 운용이나 스포츠 행사, 팀의 운용 등을 위해 알맞은 현금 흐름과 자금 조달 방법을 가지고 있어야 한다. 또 조달된 자금을 가지고 어떻게 투자를 하여야 하는가를 결정하는 것은 조직의 가치를 결정하는 가장 중요한 요인이므로 합리적인 의사결정 과정을 따라야 한다.

물론 투자 결정 과정뿐만 아니라 투자안의 경제성 분석을 정확하게 하여야 하는데, 조직의 가치를 평가하는 기법에 따라 경제성 분석을 하여야 한다. 여기에는 화폐의 시간을 고려하지 않는 회수기간법, 시간적 가치를 고려하는 순현가법, 내부수익률법이 있다.

회수기간법에서는 회수 기간이 짧을수록 현금의 유동성이 좋다. 또 순현가법은 발생할 미래의 가치를 현재의 가치로 측정하여 투자를 결정하는 것으로 산출 이익이 클수록 좋다. 이때 산출 이익은

$$\sum \frac{C_t}{(1+r)^t} - I_0 \tag{2.3}$$

와 같이 계산한다. 여기서,

C_t : 시간(t) 시점에서의 현금 흐름

I_0 : 최초 투자 금액

r : 할인율(또는 이율)

이다. 한편 내부수익률법은 순현가법처럼 투자로 생긴 현금의 현재 가치와 투자비용을 일치시켜 할인율을 구한 다음 투자 여부를 결정하는 방법이다. 즉

$$\sum \frac{C_t}{(1+r)^t} - I_0 = 0 \tag{2.4}$$

인 할인율 r을 구한 다음 투자 여부를 결정하는 방법이다.

2.2 스포츠 마케팅 전략

스포츠 마케팅의 중요성이 점점 크게 인식되어가고 학교 현장에서 전문가 양성과 이론을 뒷받침하기 위한 노력이 증대되고 있음에도 불구하고, 아직 여러 가지 장애 요인이 있는 것이 사실이다.

그런 장애 요인 중에는 엘리트 체육에 중점을 두어온 영향으로 인한 스포츠 제품에 대한 이해의 부족, 충분하지 않은 스포츠 마케팅 전문가의 인적자원, 과학적으로 자료를 수집하는데 대한 소홀함, 생산자 위주에 의한 스포츠 소비자에 대한 관심 부족, 스포츠와 관련된 분야에 대한 산학협동의 부재 등이 있다.

스포츠 마케팅의 한 예로 익스트림 스포츠의 표적마케팅에 관한 생산전략을 알아보자. 익스트림 스포츠란 젊은 층이 주를 이루는 새로운 형태의 스포츠 또는 스포츠 문화로서 도전과 창의적 행위를 통하여 자연, 생명, 기술의 한계를 극복하는 모험적인 스포츠이다. 이러한 대표적인 종목은 스케이트보드, BMX, 인라인 스케이트, 스노보드, 서핑, 스키 등이 있다.

익스트림 스포츠를 즐기는 사람들은 대체적으로 젊은 층이거나 모험을 즐기는 사람들이므로 스포츠 의류에 대해서도 남과 다른 것을 선호할 것으로 기대된다. 그렇지만 생산자의 입장에서는 과연 그러한지, 또 소비자는 어떤 성향을 가지고 있는지를 알아보는 것이 마케팅 전략 결정에 도움이 될 것이다. 스노보드에 대한 예를 들어보자.

<그림 2.2 스노보드>

[출처 : en.wikimedia.org]

먼저 인터넷 설문프로그램을 통해 익스트림 스포츠를 즐기는 국내 서핑, 스노보드, 고정기어바이크 픽시, 수상스키 및 웨이크보드 동호인을 중심으로 조사하여 다음 <표 2.1>과 같은 인구통계학적 특성을 얻었다.

<표 2.1 익스트림 스포츠의 인구통계학적 자료 조사:[3]>

구분		N	%
성	남성	106	72.1
	여성	41	27.9
연령	20대	68	46.3
	30대	71	48.3
	40대	8	5.4
가계소득 (단위 : 만원)	100 미만	40	27.2
	100 이상~200 미만	24	16.3
	200 이상~300 미만	39	26.5
	300 이상~400 미만	19	12.9
	400이상	17	17.0
익스트림 스포츠 참여경력	2년 미만	34	23.1
	2년 이상~4년 미만	37	25.2
	4년 이상~5년 미만	19	12.9
	6년 이상~8년 미만	13	8.8
	8년 이상~10년 미만	17	11.6
	10년 이상	27	18.4
익스트림 스포츠 참여빈도 (회/1년)	7회 미만	38	25.9
	7회 이상~14회 미만	26	17.7
	14회 이상~21회 미만	10	6.8
	21회 이상	73	49.7
익스트림 스포츠의류 구매빈도 (회/1년)	2회 미만	74	50.3
	2회 이상~4회 미만	41	27.9
	4회 이상~6회 미만	17	11.6
	6회 이상	15	10.2
합 계		147	100.0

위에서 상대도수를 보면 익스트림 스포츠를 즐기는 사람은 남성이 여성보다 많고, 20~30대가 다른 세대보다 월등히 많다. 또한 익스트림 스포츠 의류를 1년에 한번 구매하는 비율이 높다는 것도 알 수 있다.

한편 이들 중 어떤 종류의 익스트림 스포츠를 즐기는가를 알아본 결과 다음 <표 2.2>와 같이 스노보드, 서핑, BMX 또는 고정기어바이크, 웨이크보드 순이며, 그 중에서도 스노보드를 즐기는 사람들의 비율이 월등히 높다는 것을 알 수 있다. 따라서 스포츠 용품 생산자는 이런 사실을 감안하여 용품을 제작·판매하여야 할 것이다.

<표 2.2 익스트림 스포츠의 선호도:[3]>

종목	N(중복 참여자 포함)	%
스노보드	107	37.9
서핑	38	13.5
BMX or 픽시	24	8.5
웨이크보드	23	8.2
스케이트보드	21	7.4
수상스키	16	5.7
프리스타일스키	14	5.0
패러글라이딩	11	3.9
스포츠클라이밍	7	2.5
MTB	4	1.4
스쿠버다이빙	4	1.4
다이빙	1	.4
래프팅	1	.4
프리런닝	1	.4
모터크로스	1	.4
베이스점핑	1	.4
불롭점프	1	.4
익스트림 세일링	1	.4
스카이다이빙	1	.4
어그레시브 인라인 스케이팅	1	.4
스킨스쿠버	1	.4
엔듀로 오토바이	1	.4
윈드서핑	1	.4
제트스키	1	.4
합 계	282	100.0

앞의 인구통계학적 특성으로부터 스포츠 용품 생산자가 스노보드복의 생산을 고려한다고 할 때, 의류 구매자의 성향을 잘 알아야 할 것이다. 이런 정보를 얻기 위해서 구매 시 고려하는 제품속성(색상, 기능성, 실용성, 개성), 스포츠의류의 구매 의도에 영향을 미치는 태도, 주관적 규범, 지각된 행동 통제력, 구매의도, 익스트림 스포츠 관여도 등 세분화된 자료 조사를 할 필요가 있다.

그 결과는 다음 <표 2.3>에서와 같이 구매 태도에 영향을 크게 미치는 순서는 색상, 기능성, 실용성, 개성 순이며 주관적 규범에 영향을 주는 요소는 <표 2.4>에서와 같이 전문가의 추천과 동호인의 추천이다. 또 행동 통제력에 영향을 미치는 요인은 <표 2.5>에서 보듯이 제품에 대한 사전 지식이 제일 큰 요소이다. 사실 이러한 결론이 얼마나 신뢰성이 있는지를 어떻게 측정하느냐는 문제가 제기된다. 색감, 기능성, 실용성, 개성 등의 변인은 통계적 양이라기보다는 심리적 요인이기 때문에 대개는 선호도를 1, 2, 3, 4, 5 등과 같은 척도로 측정하는 리커트 척도(Likert scale)를 이용하는 경우가 많다.

<표 2.3 태도에 영향을 미치는 속성:[3]>

구 분	평 균	순 위	구 분	평 균	순 위
색 상	6.21	1	브랜드	4.58	6
기능성	5.75	2	유형성	4.17	7
실용성	5.61	3	가 격	4.09	8
개 성	5.21	4	디자인	3.71	9
차별성	4.96	5	–	–	–
Cronbach's α값 .784					

<표 2.4 주관적 규범에 영향을 미치는 주변 인물:[3]>

구분	평균	순위	구분	평균	순위
익스트림 스포츠 전문가의 추천	4.95	1	판매자의 추천	3.21	4
익스트림 스포츠 동호인의 추천	4.35	2	가족의 추천	2.88	5
친구의 추천	4.11	3			
Cronbach's α값 .757					

<표 2.5 통제적 신념에 영향을 미치는 요인:[3]>

구분	평균	순위	구분	평균	순위
구매제품에 대한 사전지식	5.25	1	시간적 여유	4.62	3
구매제품에 대한 정보수집능력	4.76	2	경제적 여유	4.54	4
Cronbach's α값 .710					

이들 변수를 측정한 다음 이들의 평균과 분산, 공분산을 구하여, 이들 변수가 내적 일관성 신뢰성이 있는지를 조사하여야 한다. 이 신뢰도의 값을 크론바흐 알파(Cronbach α)로 나타내는데, 이는 다음과 같이 구한다. 확률변수 $Y_1, Y_2, \cdots, Y_N$에 대하여

$$X = Y_1 + Y_2 + \cdots + Y_N$$

라 할 때, 크론바흐 α는

$$\alpha = \frac{N}{N-1}\left(1 - \frac{\sum_{i=1}^{N} \sigma_{Y_i}^2}{\sigma_X^2}\right) \tag{2.5}$$

이다. 여기서 $\sigma_{Y_i}^2$, σ_X^2 는 각각 확률변수 Y_i와 X의 분산을 나타낸다. 이 때 보통 다음과 같이 판단한다.

Cronbach α	내적 일관성(internal consistency)
$\alpha \geq 0.9$	아주 좋음(high-stakes testing)
$0.7 \leq \alpha < 0.9$	좋음(low-stakes testing)
$0.6 \leq \alpha < 0.7$	보통(acceptable)
$0.5 \leq \alpha < 0.6$	나쁨(poor)
$\alpha < 0.5$	아주 나쁨(unacceptable)

2.3 마케팅 전략

앞에서는 익스트림 스포츠용품의 구매에 미치는 소비자의 행태를 조사하였다. 이에 따라 경영자는 적절한 마케팅 전략을 구사하여야 한다. 소비자들에게는 텔레비전 광고, 라디오 광고, 신문이나 텔레마케팅, 대량 전송 메일이나 면대면 마케팅과 같은 개인에게 접근하여 설득하고 물건을 파는 전통적인 마케팅 전략에 익숙해 있다. 그러나 요즘은 전통적인 방법이 아닌 입소문 마케팅(버즈 마케팅), 소비자에 의한 광고 캠페인(바이럴 마케팅), 기념행사나 운동선수를 이용한 마케팅, 상품 공개 행사 등 비전통적인 전략을 구사하는 추세로 변화하고 있다.

스포츠 경영자가 새로운 상품을 개발하여 시장에 진입할 때는 적절한 전략을 마련해야 한다. 새로운 상품이 번져가는 비율 또는 판매현장에서 새로운 상품이 인정받는 비율인 확산속도는 상품 종류마다 다르다. 예를 들어 스노보드가 처음 나왔을 때 스노보드의 확산 속도는 카빙스키의 확산 속도보다는 느렸을 것이다. 그 이유는 새로운 상품의 확산은 여러 요인에 영향을 받는데, 특히 새로운 제품이 옛날 제품에 비해 얼마만한 장점이 있느냐가 확산 속도를 결정하는 중요한 요인이 된다. 또한 소비자의 의견이나 생활 형태와 얼마나 잘 부합하느냐 하는 것도 확산 속도에 중요한 영향을 미친다. 즉, 경제적인 여유가 있는 사람들은 새로운 장비 전체를 구입하는데 돈을 쓰겠지만, 그렇지 않은 사람들은 적은 예산을 들여 새로운 장비를 구입할 것이다. 또 위험의 정도도 확산 속도에 영향을 미칠 터인데, 젊은 사람들은 나이가 든 사람보다 도전 정신이 더 강해 스키보다 더욱 익스트림하게 느껴지는 스노보드에 빨리 매력을 느낀다.

확산 속도의 전형적인 모습을 그래프로 그리면 초기단계, 성장단계, 성숙단계, 쇠퇴단계에 따라 아래 <그림 2.3>과 같이 나타난다.

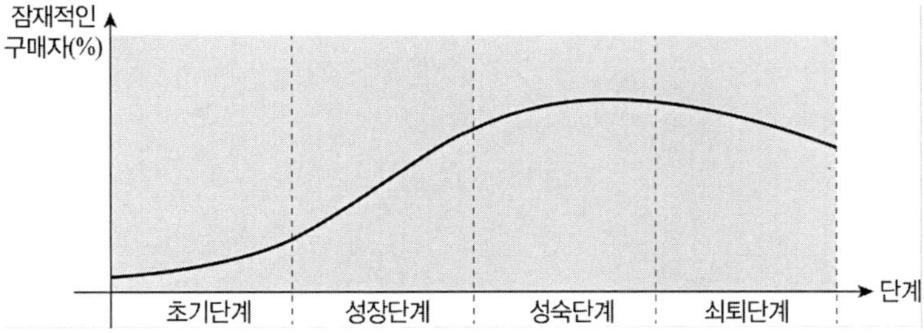

<그림 2.3 확산곡선>

초기단계에서는 새로운 제품에 대해 인식하고 사용해 보고 제품을 구매할 능력을 가진 사람(또는 early adopter)을 찾는 데 시간이 걸리고, 성장단계에서는 입소문을 통하여 제품을 수용하는 사람이 눈덩이처럼 늘어나는 효과를 가져 오고, 성숙단계에서는 점점 더 많은 사람이 새로운 상품을 사용하지만 어느 기간이 지나면 시장은 한계에 다다르는 쇠퇴단계를 맞게 된다. 이때가 새로운 제품을 다시 내 놓을 때이다.

신제품의 확산 속도는 경영자의 제어 능력 밖의 요소에 의해 영향을 받기도 하지만, 초기 사용자의 특성을 잘 고려하면 제품의 확산 속도를 높일 수 있다. 즉, 초기 사용자는 대체적으로 모험심이 많고, 개방적인 성격을 가지고 있으며, 유행을 앞서가는 감각이 있다. 또 교육을 많이 받은 사람이며, 상향 지향적이며, 특정한 잡지나 인터넷 등을 통하여 적극적으로 상품 정보를 알아보는 부류의 사람들이다. 따라서 이에 맞는 적절한 광고 전략을 세워야 한다.

상품의 확산 속도 또한 그 상품의 수명에 큰 영향을 미치는데, 상품의 수명 곡선도 <그림 2.4>에서 보듯이 확산속도의 곡선과 같은 모양을 지닌다. 물론 확산속도와는 달리 수명 곡선은 반복구매나 소비자의 선호도, 환경의 변화 등 여러 요인에 영향을 받는다. 상품의 수명 곡선에 따라 경영자는 단계별로 광고, 입소문 광고와 상품가치 확장, 가격 조정과 상대 제품과의 경쟁, 새로운 제품의 생산 등을 고려하여 결정하여야 한다.

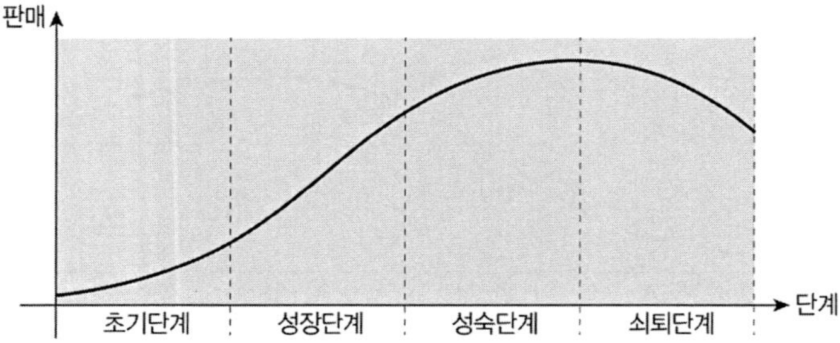

<그림 2.4 상품의 수명곡선>

이러한 의사 결정에는 편향된 결정이나 오류를 범할 가능성에 폭넓게 노출되어 있다. 성급한 의사결정은 적은 양의 정보에 의존하게 되어 정보의 질을 고려하지 않을 수 있다. 이런 경우 경영자는 시간에 쫓겨 중요한 정보를 놓칠 수 있다. 반면 지나치게 심사숙고하는 결정은 너무 많은 정보로 인해 정보를 맹신하거나 상품과 관계없는 사소한 정보에 지나치게 무게를 둘 수 있다. 따라서 경영자는 의사결정을 과학적으로 할 필요가 있다.

의사결정의 첫 번째 단계에서는 의사결정 과정을 어떻게 정형화할 것인가를 고려하여야 한다. 각각의 경우에 대하여 비용은 얼마나 되며 얻어지는 효과는 얼마인가를 고려하여야 한다. 어떤 경우 최고경영자는 단지 한 가지만을 고려한 결과로 시작부터 난관에 봉착하는 경우가 있다. 통계적으로 보면 여러 가지 경우를 고려하여 결정하면 할수록 더 좋은 결과를 가져온다. 물론 최고경영자는 의사결정의 틀이나 관점, 결정을 뒷받침하는 가정들을 주기적으로 점검해보며, 다양한 의견을 청취할 필요가 있다.

최고경영자는 빠른 결정이냐 아니면 정확한 결정이냐를 놓고 자주 저울질해야 한다. 어떤 경우는 신속한 대응이 필요하고, 어떤 것은 그렇지 않은 경우도 있다. 이런 경우 경영자는 좀 더 많은 시간을 두고 문제를 조심스럽게 생각할 기회가 있다. 대체적으로 숙고하여 내린 결정은 좋은 결과를 낳는다. 그러나 빠른 결정은 땜질식이거나 문제를 부분적으로 해결하는 데 그치는 결정을 내리기가 쉽다.

어떤 결정이든 사실 가장 중요한 요소는 한 가지 결정을 내렸을 때 어떤 결과가 일어날지를 정확하게 예측하는 것이다. 예를 들어, 1969년 몬트리올 시장은 1976년 몬트리올 올림픽이 열릴 때에는 멋진 지붕을 가진 예술성이 풍부한 올림픽 경기장에서 경기를 치를 것이고, 전체 건설비용이 1억 2천만 달러면 충분할 것이라고 예측하였다. 그러나 몬트리올 올림픽이 지난 13년 후인 1989년에야 경기장이 완성되었으며, 지붕의 건설비용만 1억 2천만 달러가 들었다.

정확한 예측을 위한 가장 중요한 정보 중의 하나는 예측되는 사건에 대하여 그 전에 어떤 일이 일어났느냐에 관한 기초조사이다. 왜냐하면 과거에 자주 일어났던 사건들은 다시 일어날 가능성이 크기 때문이다. 이와 같이 비슷한 것들은 비슷한 경향을 가지고 있으므로, 과거에 성공했던 상품과 비슷한 새로운 상품은 성공할 가능성이 짙다. 이런 경우에는 광고 전략도 비슷하게 세우면 된다. 또한 경영자는 의사 결정 문제를 해결하기 위하여, 정보의 관련성과 효용성이 제한적이더라도 가능한 한 모든 정보를 이용할 필요가 있다. 더욱이 가능한 정보의 질이나 효용성에 구애받지 말아야 한다. 이런 정보는 다른 대안적인 것에 사용될 수도 있기 때문이다.

정보의 유용성은 그 정보가 얼마나 신뢰성과 타당성이 있느냐에 달려있다. 판매 자료, 소비자의 선호도 자료, 소비자 만족도의 자료와 같은 정보가 유용한 것이 되기 위해서는, 그 정보가 신뢰할 만하고 타당성 있게 얻어져야 한다. 자료가 지나치게 큰 경우에는 관련이 없는 자료가 섞여 있거나, 진부하거나, 전체 자료의 한 부분일 가능성이 있다. 예를 들어 새로운 제품 개념에 대한 시장의 사전 조사가 소비자의 호감도, 태도, 구매 의지 등이 일관되게 나타난다면 그 정보는 믿을 만한 정보가 될 것이다. 또 독립된 정보나 서로 관련이 없는 정보가 같은 결론에 이르게 한다면 이는 의사결정에 강한 뒷받침이 될 것이다. 그렇지만 같은 결론에 이르는 서로 관련된 조각 정보는 상대적으로 약한 근거가 될 수도 있다.

다행히도 통계적 방법을 이용하면 여러 변수의 상관관계의 정도를 정확하게 측정할 수 있다. 그런데 연구에 의하면 사람들은 확률이나 통계보다는 서술이나 이야기 형태의 기억에 의존하는 시나리오적 사고에 익숙해져 있다고 한다. 그러나 불행히도 시나리오적 사고는 판단 오류나 조악한 예측을 할 가능성이 크다. 따라서 경영자에게는 시나리오에 의한 의사 결정보다는 통계적 방법에 의한 의사 결정이 바람직하다.

경영적 판단에서는 첫 인상이나 고정된 생각과 같은 것이 초기 판단에 영향을 자주 미친다. 그러나 물론 경영자는 자신의 과신을 경계해야 한다. 과신은 우발적 사건에 대처하는 계획을 세우는 것을 방해하기 때문이다. 따라서 경영자는 자신의 고정 관념이 옳지는 않을 수 있다는 자각에 좀 더 정확한 판단을 하려 노력하여야 한다. 그러나 이런 노력만으로는 충분하지 않다. 왜냐하면 새로운 방향으로 판단을 조정했다고는 하지만 처음 것과 비슷한 경우가 태반이기 때문이다. 어떻게 하면 판단 조정 정도를 알 수 있을까? 여기에 대한 답을 하기 위해서는 확률과 통계 이론을 사용하여야 한다.

주어진 자료 D를 바탕으로 얻어진 가설 H가 참일 확률 $P(H \mid D)$

$$P(H \mid D) = \frac{P(H \cap D)}{P(D)} = \frac{P(D \cap H)}{P(D)} \tag{2.6}$$

이고

$$P(D\mid H)=\frac{P(D\cap H)}{P(H)},\ 즉\ P(D\cap H)=P(D\mid H)P(H) \tag{2.7}$$

이므로,

$$P(H\mid D)=\frac{P(D\mid H)P(H)}{P(D)} \tag{2.8}$$

가 성립한다. 한편 가설 H에 대한 대립가설을 H'이라 하면

$$P(H'\mid D)=\frac{P(D\cap H')}{P(D)},\ P(D|H')P(H')=P(D\cap H') \tag{2.9}$$

이므로

$$\begin{aligned} P(H|D) &= \frac{P(D\mid H)}{P(D\mid H')}\times\frac{P(H)}{P(H')} \\ &= \frac{P(D\cap H)/P(H)}{P(D\cap H')/P(H')}\times\frac{P(H)}{P(H')} \\ &= \frac{P(D\cap H)}{P(D\cap H')} \end{aligned} \tag{2.10}$$

로 나타난다.

이때 $P(H\mid D)$를 사후확률이라고 하고, 조건부확률의 비 $\dfrac{P(D\mid H)}{P(D\mid H')}$은 대립가설 H'에 비해 가설 H가 참이라는 정도를 나타내는 우도(likelihood ratio)라고 한다. 또 확률 $P(H)$와 $P(H')$는 사전확률을 나타낸다.

우도가 증가하면 적합도가 증가한다. 특히 우도가 1이면 방향 전환이 하나도 이루어지지 않았음을 의미한다. 즉 사후확률은 사전확률의 비와 같다는 것인데 이는 새로운 자료가 전혀 도움이 되지 않기 때문이다. 사실 더 많은 정보가 주어지면, 경영자는 주어진 자료에 따라 그의 처음 판단을 조정해야 하는 것이 맞다.

Technical Notes

1. 지수함수

고등학교에서는 초월수 e를

$$\lim_{n\to\infty}\left(1+\frac{1}{n}\right)^n = e$$

와 같이 정의하였다. 따라서

$$\lim_{n\to\infty}\left(1+\frac{r}{n}\right)^{nt} = \lim_{n\to\infty}\left[\left(1+\frac{r}{n}\right)^{\frac{n}{r}}\right]^{rt} = e^{rt}$$

가 된다. 또

$$e^x = 1 + x + \frac{x^2}{2!} + \frac{x^3}{3!} + \cdots = \sum_{n=0}^{\infty}\frac{x^n}{n!}$$

이며, 여기서 $n! = 1 \cdot 2 \cdot 3 \cdot \cdots \cdot n$이다.

2. 크론바흐 알파(Cronbach α)

Cronbach α를 다음과 같이 표준화할 수 있다. 이것은 SPSS에서 제공하는 표준화한 크론바흐 α(standardized Cronbach α)의 값이다.

$$\alpha = \frac{N \cdot \bar{c}}{\bar{v} + (N-1) \cdot \bar{c}}$$

와 같으며, 여기서

N : 변수(항목)의 개수

$\bar{c}$: 항목 상호 간의 상관관계의 평균

$\bar{v}$: 분산의 평균

을 나타낸다.

3. 베이즈 공식

조건부 확률의 정의

$$P(C_i \mid C) = \frac{P(C_i \cap C)}{P(C)}, \ P(C) \neq 0$$

에 의하여

$$P(C)P(C_i \mid C) = P(C_i)P(C \mid C_i)$$

임을 알 수 있다. 이것을 일반화하면 다음과 같은 공식을 얻을 수 있다. 즉, 서로 소인 공집합이 아닌 집합 $C_1, C_2, \cdots, C_m$에 대하여

$$C \subset C_1 \cup C_2 \cup \cdots \cup C_m$$

이면,

$$P(C) = P(C_1)P(C \mid C_1) + P(C_2)P(C \mid C_2) + \cdots + P(C_m)P(C \mid C_m)$$

이 성립한다. 만약 $P(C) > 0$이면

$$P(C_i \mid C) = \frac{P(C_i)P(C \mid C_i)}{P(C_1)P(C \mid C_1) + \cdots + P(C_m)P(C \mid C_m)}$$

이 성립한다. 이것을 베이즈 공식(Bayes formula)이라고 한다.

위의 베이즈 공식을 이용하면

$$P(H \mid D) = \frac{P(D \mid H)P(H)}{P(D \mid H)P(H) + P(D \mid H')P(H')}$$

로 나타낼 수 있다.

4. 가설검정

표본으로부터 얻어진 정보를 이용하여 어떤 주장이나 추측이 옳은지를 판단하는 과정을 가설검정(statistical hypothesis testing)이라고 한다. 이때 주장이나 추측을 가설(hypothesis)이라고 한다. 특히 자료에 의한 강력한 증거에 의하여 입증하고자 하는 가설을 대립가설(alternative hypothesis)이라 하고, 이것과 반대되는 가설을 귀무가설(null hypothesis)이라고 한다.

예를 들어 평균이 30, 표준편차가 5인 제품보다 더 좋은 제품을 만들어 평균이 더 크면 제품을 계속 생산한다고 하자. 이때 대립가설을 H_0, 귀무가설을 H_1으로 나타내면, 대립가설과 귀무가설은 다음과 같이 나타난다.

$$H_0 : m \geq 30,\ H_1 : m < 30$$

보통 대립가설과 귀무가설 중 어느 하나를 표본평균에 의하여 채택한다. 그러나 모평균의 값을 알 수가 없으므로 이것이 옳은가를 수리적으로 증명할 수는 없다. 그러므로 우리는 아래 표와 같은 검정의 오류를 범할 가능성이 있다. 이때 제1종 오류를 범할 확률의 최대 허용한계의 유의수준(significance level)이라고 한다. 흔히 유의수준을 α로 나타내며, 유의수준 α인 검정법이란 제1종 오류를 범할 확률이 α 이하인 검정법을 뜻한다.

	$H_0 : m \geq 30$이 사실	$H_1 : m < 30$이 사실
H_0를 채택	옳은 결정	제2종 오류
H_1를 채택	제1종 오류	옳은 결정

참고문헌

[1] 강호정, 이준엽, **스포츠 경영학**, 학현사(2004)

[2] 김용만, **스포츠마케팅 커뮤니케이션**, 2nd. ed., 학현사(2010)

[3] 정봉진, **익스트림 스포츠의류 구매의도에 영향을 미치는 요인에 관한 연구 : 태도－행동이론의 적용**, 서울대학교 대학원 석사학위논문(2014)

[4] R. V. Hogg and A. T. Craig, *Introduction to mathematical statistics*, 4th ed., Macmillan Pub.(1978)

[5] F. R. Kardes, T. W. Cline and M. L. Cronley, *Consumer behaviour : Science and practice*, South and Practice Western Cengage Learning(2008)

[6] http://en.wikipedia.org

제3장

올림픽 모토

3.1 달리기

시합이 열리기 한 달 전에 실시한 100m 달리기 육상선수의 20번의 연습기록이 다음과 같다고 하자.

10.5 10.8 11.2 10.9 10.4 10.6 10.9 11.0 10.3 10.8
10.6 11.3 10.5 10.7 10.8 10.9 10.8 10.7 10.9 11.0

<그림 3.1 달리기 준비>

[출처 : pixabay.com]

우리는 이 선수의 달리기 기록의 '진정한' 평균 속력과 분산을 알 수가 없다. 그러나 우리는 위의 연습기록만을 가지고서도 이 선수의 대회 기록을 예측할 수는 있을 것이다. 과연 이 선수의 대회에서의 성적을 얼마나 정확하게 어떻게 예측할 수 있을까?

일반적으로, 확률변수 X가 가질 수 있는 값을 $x_1,\ x_2,\ \cdots,\ x_n$이라 할 때, 평균과 분산의 추정량은 각각

$$m=\frac{1}{n}(x_1+x_2+\cdots+x_n) \tag{3.1}$$

$$\sigma^2=\frac{1}{n-1}\sum_{i=1}^{n}(x_i-m)^2 \tag{3.2}$$

이다. 따라서 위 20번의 연습기록에 의하면, 평균과 분산의 추정량은 각각

$$m=\frac{1}{20}(10.5+10.8+\cdots+10.9+11.0)=10.78$$

$$\begin{aligned}\sigma^2&=\frac{1}{19}[(10.5-10.78)^2+(10.8-10.78)^2\\&\quad+\cdots+(10.9-10.78)^2+(11.0-10.78)^2]\\&=0.064\end{aligned}$$

이다. 그런데 신뢰도 α에 대한 신뢰구간 $(\tilde{t}-\epsilon, \tilde{t}+\epsilon)$에서

$$\alpha=P(|t-\tilde{t}|<\epsilon) \tag{3.3}$$

인 ϵ은

$$\epsilon=\frac{\sigma}{\sqrt{n}}arg\,\Phi^*\left(\frac{1+\alpha}{2}\right) \tag{3.4}$$

이다. 여기서 $\arg\Phi^*\left(\frac{1+\alpha}{2}\right)$은 표준정규분포의 확률밀도함수

$$f(z)=\frac{1}{\sqrt{2\pi}}e^{-\frac{z^2}{2}}$$

에 대하여 다음 값을 가질 때의 x 값을 말한다.

$$\int_{-\infty}^{x}f(z)dz=\frac{1+\alpha}{2} \tag{3.5}$$

예를 들어 신뢰도가 $\alpha = 0.95(95\%)$일 때의

$$\epsilon_\alpha = \arg \Phi^*\left(\frac{1+\alpha}{2}\right)$$

의 값은 1.960이다.

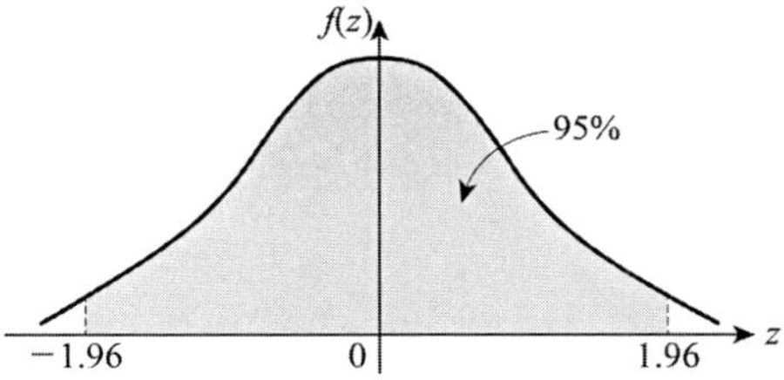

<그림 3.2 표준정규분포>

표준정규분포를 이용하여 신뢰도 α에 따른 ϵ_α의 값을 표로 나타내면 다음과 같다.

<표 3.1 신뢰도 α에 따른 ϵ_α의 값>

α	ϵ_α	α	ϵ_α	α	ϵ_α	α	ϵ_α
0.80	1.282	0.86	1.475	0.92	1.750	0.97	2.169
0.81	1.310	0.87	1.513	0.93	1.810	0.98	2.325
0.82	1.340	0.88	1.554	0.94	1.880	0.99	2.576
0.83	1.371	0.89	1.597	0.95	1.960	0.9973	3.000
0.84	1.404	0.90	1.643	0.96	2.053	0.999	3.290
0.85	1.439	0.91	1.694				

위의 <표 3.1>을 이용하면 신뢰도가 $\alpha = 0.8$일 때

$$\arg \Phi^*\left(\frac{1+0.8}{2}\right) = 1.282$$

이므로 다음 값을 얻는다.

$$\epsilon = \sqrt{\frac{0.064}{20}} \times 1.282 = 0.072$$

따라서 신뢰도가 0.8인 신뢰구간은

$$(m-0.072,\ m+0.072)=(10.71,\ 10.85)$$

이다. 다시 말하면, 이 선수가 본 대회에서 100m를 10.71초에서 10.85초 사이에 뛸 확률은 0.8이다.

3.2 장대높이뛰기

앞에서는 100m 달리기 선수의 연습기록만을 가지고 대회 기록을 예측하는 것에 대하여 다루었다. 그러나 대회 기록이 단순히 하나의 요인에 의하여 결정되는 것은 아닐 것이다. 예를 들어 100m 달리기 기록은 선수가 신는 신발이나 옷에 영향을 받겠지만, 장대높이뛰기는 선수의 신체적 기량뿐만 아니라 사용하는 장대의 성능에 따라 기록이 현저히 달라질 수 있을 것이다. 이런 이유로 하나의 확률변수를 넘어 여러 가지 확률변수를 다룰 필요가 있다.

<그림 3.3 남자장대높이뛰기>

[출처 : commons.wikimedia.org]

국제 육상경기연맹(IAAF)은 1912년 4.02m의 기록을 시작으로 남자 장대높이뛰기를 공인하고 있다. 다음 <표 3.2>는 1957년부터 1987년까지의 30년 동안의 남자 장대높이뛰기 세계기록을 정리한 것이다. 이 자료로부터 해가 갈수록 신기록이 좋아지는지를 알아보자.

<표 3.2 1957년부터 1987년까지의 30년 동안의 남자 장대높이뛰기의 세계기록: [7]>

연도	높이(m)	선수	연도	높이(m)	선수
1957	4.78	Gutowski	1970	5.49	Papanicolaou
1960	4.80	Bragg	1972	5.51	Isaksson
1961	4.83	Davies	1972	5.54	Isaksson
1962	4.89	Ueles	1972	5.55	Isaksson
1962	4.93	Tork	1975	5.65	Roberts
1962	4.94	Nikula	1976	5.67	Bell
1963	5.00	Sternberg	1976	5.70	Roberts
1963	5.08	Sternberg	1964	5.28	Hansen
1963	5.20	Pennel	1968	5.41	Seagren
1964	5.23	Hansen	1983	5.82	Quinon
1966	5.32	Seagren	1984	5.85	Bubka
1967	5.36	Seagren	1984	5.90	Bubka
1967	5.38	Wilson	1985	6.00	Bubka
1969	5.44	Pennel	1987	6.03	Bubka
1970	5.45	Nordwig			

위의 통계자료에 가까운 직선을 그래프로 그리면 아래 <그림 3.4>와 같다.

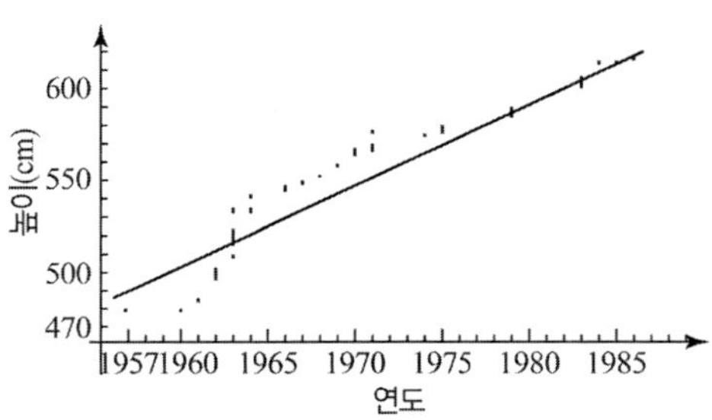

<그림 3.4 장대높이뛰기 기록과 선형 회귀직선>

연도와 높이뛰기 기록과의 관계를 살펴보기 위하여, 주어진 자료에 가장 가까운 직선을 찾는 방법으로 최소제곱법(method of least squares)을 적용하여보자. 최소제곱법 중에서 회귀직선은 주어진 자료

$$(x_1, y_1), (x_2, y_2), \cdots, (x_n, y_n)$$

에 대하여, 구하는 직선을

$$y = ax + b \tag{3.6}$$

라고 할 때,

$$f(a, b) = \sum_{i=1}^{n} [(ax_i + b) - y_i]^2 \tag{3.7}$$

의 값을 최소로 하는 상수 a, b를 구하는 것이다. 물론 함수 $f(a, b)$는 변수 a, b에 대하여 이차함수이므로 $f(a, b)$의 값을 최소로 하는 이들 a, b의 값이 존재한다.

실제로 이들 a, b의 값은 연립일차방정식

$$\frac{\partial f(a, b)}{\partial a} = 2\sum_{i=1}^{n} x_i[(ax_i + b) - y_i] = 0 \tag{3.8}$$

$$\frac{\partial f(a, b)}{\partial b} = 2\sum_{i=1}^{n} [(ax_i + b) - y_i] = 0 \tag{3.9}$$

을 만족하는 해이다. 따라서 위의 연립방정식을 풀면

$$a = \frac{K_{xy}}{V(X)}, \qquad b = m_y - am_x$$

가 된다. 여기서 K_{xy}는 확률변수 X, Y의 공분산이고, V(X)는 확률변수 X의 분산, 확률변수X, Y의 평균은 각각

$$m_x = \frac{1}{n}\sum_{i=1}^{n} x_i, \qquad m_y = \frac{1}{n}\sum_{i=1}^{n} y_i \tag{3.10}$$

이다.

계산을 간단히 하기 위하여, 앞의 <표 3.2>에 있는 X의 값에서 1900년을 떼고, Y의 값에서 500cm를 떼고 계산하면

$$m_x = (19)73, \qquad m_y = (5)49\,\text{cm}$$

이다. 또한

$$V(X) = 77.30, \qquad V(Y) = 1301$$

이므로

$$\sigma_x = 8.79, \quad \sigma_y = 36.07$$

을 얻는다. 따라서 공분산과 상관계수는 각각

$$K_{xy} = 306.26, \qquad r_{xy} = \frac{K_{xy}}{\sigma_x \sigma_y} = 0.966$$

이고,

$$a \approx 3.96, \qquad b \approx -240$$

이다. 그러므로 최소제곱법으로 얻어지는 선형 회귀직선(linear regression)은

$$y = 3.96x - 240$$

이다.

장대높이뛰기에서 연도 X와 기록 Y 사이의 상관계수가 0.966이므로, 이들 사이에는 양의 상관관계가 있다는 것을 알 수 있다. 따라서 $x = 90$이면 $y = 116\,\text{cm}$이므로, 1990년에는 장대높이뛰기의 기록을

$$500 + 116 = 616\,\text{cm}$$

일 것을 기대할 수 있다. 더욱이 $x = 115$이면 $y = 215$이므로, 2015년의 세계기록은

$$500 + 215 = 715\text{cm}$$

일 것이라고 기대할 수 있다. 그러나 이것은 실제로 기대할 수 없는 값이다. 지금까지 남자 장대높이뛰기의 기록은 부브카(Bubka; 1963 -)가 1994년에 세운 6.14m이다. 그러므로 최소제곱법에 의한 회귀직선으로 경

기 기록을 수학적으로 예측하는 것은 20년 또는 30년의 짧은 기간 동안에는 가능할지 모르나 장기간에 걸쳐하는 것은 정확하지 않다. 이 경우에는 더 복잡한 수학이 필요하다.

3.3 역도

장대높이뛰기에서는 2가지의 확률변수 사이의 관계에 대하여 다루었다. 그러나 2가지보다 많은 변수를 고려할 때도 있다. 예를 들어 역도 경기는 인상, 용상, 선수의 몸무게, 선수의 나이 등이 경기 기록에 영향을 미치는 변수가 될 수 있다.

<그림 3.5 역도>

[출처 : pixabay.com]

일반적으로 n번의 관찰에서 얻어진 m개의 확률변수 $X_1, X_2, \cdots, X_m$에 대한 값을 다음과 같은 표로 나타낼 수 있다. 여기서 x_{ik}는 i번째 시행에서 얻어진 확률변수 X_k의 값을 나타낸다.

<표 3.3 확률분포>

시행횟수	X_1	X_2	$\cdots$	X_k	$\cdots$	X_m
1	x_{11}	x_{12}	$\cdots$	x_{1k}	$\cdots$	x_{1m}
2	x_{21}	x_{22}	$\cdots$	x_{2k}	$\cdots$	x_{2m}
$\cdots$	$\cdots$	$\cdots$	$\cdots$	$\cdots$	$\cdots$	$\cdots$
i	x_{i1}	x_{i2}	$\cdots$	x_{ik}	$\cdots$	x_{im}
$\cdots$	$\cdots$	$\cdots$	$\cdots$	$\cdots$	$\cdots$	$\cdots$
n	x_{n1}	x_{n2}	$\cdots$	x_{nk}	$\cdots$	x_{nm}

한편 확률변수 $X_1, X_2, \cdots, X_m$ 사이의 공분산을 행렬 K로 나타내면 다음과 같다.

$$K = \begin{pmatrix} k_{11} & k_{12} & \cdots & k_{1m} \\ & k_{22} & \cdots & k_{2m} \\ & & \cdots & \cdots \\ & & & k_{mm} \end{pmatrix} \tag{3.11}$$

여기서 k_{ij}는 확률변수 X_i와 X_j 사이의 공분산 $K_{x_i x_j}$를 나타낸다. 그런데

$$k_{ij} = k_{ji}$$

이므로 행렬 K는 대칭행렬이다. 그러나 여기서는 행렬 K를 간단히 나타내기 위하여 대각선 위의 요소와 대칭이 되는 대각선 아래 부분을 생략하여 나타내었다.

사실 앞에서도 언급하였지만 공분산보다는 상관계수가 두 확률변수 사이의 관계를 알아보는 데 더 자주 사용된다. 그런데 확률변수 X_i의 표준편차를 σ_i라 하면, 상관계수

$$r_{ij} = \frac{k_{ij}}{\sigma_i \sigma_j} = \frac{k_{ji}}{\sigma_j \sigma_i} = r_{ji}$$

이므로, 공분산을 나타내는 행렬을 나타내는 방법과 같은 방법으로 상관계수를 행렬로 나타내면 다음과 같은 대칭행렬 r을 얻는다.

$$r = \begin{pmatrix} 1 & r_{12} & \cdots & \cdots & r_{1m} \\ & 1 & r_{23} & \cdots & k_{2m} \\ & & & \cdots & \\ & & & & 1 \end{pmatrix} \tag{3.12}$$

예를 들어, 역도 경기의 기록에 대한 확률변수를 다음과 같이

X_1 : 인상과 용상의 합(kg), X_2 : 인상(kg), X_3 : 용상(kg)

X_4 : 선수의 몸무게(kg), X_5 : 선수의 나이(생년)

라 했을 때 1983년까지의 세계에서 기록이 가장 좋은 10명의 선수에 대한 관찰 기록이 다음과 같다고 하자[7].

<표 3.4 역도 선수의 확률변수:[7]>

선수	X_1	X_2	X_3	X_4	X_5
1	257.5	115.5	140	52	1964
2	287.5	128	160.5	56	1961
3	305	137.5	173	60	1962
4	345	154	196	67.5	1959
5	367.5	165	209	75	1962
6	400	180	223.5	82.5	1959
7	420	195.5	228.5	90	1956
8	440	200	240.5	100	1962
9	435	196.5	243	110	1957
10	460	205.5	261	130	1961

확률변수 X_i에 대한 평균, 분산, 표준편차를 각각 m_i, $V(X_i), \sigma_i$라고 하면

$m_1 = 371.75 \approx 372;$ $D_1 = 4990;$ $\delta_1 = 70.6;$

$m_2 = 167.75 \approx 168;$ $D_2 = 1070;$ $\delta_2 = 32.7;$

$m_3 = 208;$ $D_3 = 1483;$ $\delta_3 = 38.5;$

$m_4 = 82.3 \approx 82;$ $D_4 = 644;$ $\delta_4 = 25.4;$

$m_5 = 1960.3 \approx 1960;$ $D_5 = 5.66;$ $\delta_5 = 2.4;$

이므로 <표 3.5>의 결과를 얻는다.

<표 3.5 편차의 제곱>

선수	$(x_1-m_1)^2$	$(x_2-m_2)^2$	$(x_3-m_3)^2$	$(x_4-m_4)^2$	$(x_5-m_5)^2$
1	13110	2756	3969	900	9
2	7140	1600	2256	676	1
3	4489	930	1225	484	4
4	729	196	144	210	1
5	20	9	1	49	4
6	784	144	240	64	1
7	2304	756	420	324	16
8	4624	1024	1056	784	4
9	3969	812	1225	2304	9
10	7744	1406	2809		1

위의 <표 3.5>를 이용하여, 공분산을 구하면

$$k_{11} = V(X_1) = \frac{44913}{9} = 4990, \quad k_{22} = V(X_2) = \frac{9633}{9} = 1070$$

$$k_{33} = V(X_3) = \frac{13346}{9} = 1483, \quad k_{44} = V(X_4) = \frac{5796}{9} = 644$$

$$k_{55} = V(X_5) = \frac{5094}{9} = 566, \quad k_{12} = \frac{20753}{70.6 \times 32.7} = 0.90,$$

$$k_{13} = \frac{22279}{70.6 \times 38.5} = 0.82$$

를 얻는다. 같은 방법으로

$$k_{14} = 0.67,\ k_{15} = -0.34,\ k_{23} = 0.89,\ k_{24} = 0.71,$$

$$k_{25} = -0.45,\ k_{34} = 0.85,\ k_{35} = 0.41,\ k_{45} = -0.31$$

을 얻는다. 그러므로 상관계수를 나타내는 대칭행렬 r은 다음과 같다.

$$r = \begin{pmatrix} 1 & 0.9 & 0.82 & 0.67 & -0.34 \\ & 1 & 0.89 & 0.71 & -0.45 \\ & & 1 & 0.85 & -0.41 \\ & & & 1 & -0.31 \\ & & & & 1 \end{pmatrix}$$

위의 상관계수의 행렬을 보면 확률변수 X_1, X_2, X_3, X_4는 서로 강하게 양의 상관관계를 가지고 있으나, 이들 확률변수와 확률변수 X_5 사이에는 음의 상관관계가 있다. 다시 말해, 인상과 용상, 이들의 합, 선수의 몸무게는 서로 밀접한 연관성을 가지고 있으나, 선수의 기록과 나이는 별 관련성이 없다는 것을 알 수 있다.

3.4 원반던지기

1988년 서울 올림픽을 통하여 우리나라의 스포츠가 한 단계 성숙되는 계기가 마련되었다. “더 빨리, 더 높이, 더 힘차게”의 구호를 가지고 있는 올림픽을 생각할 때, 기원 전 5세기 중반에 만들어졌다고 알려진 미론의 <원반던지기>가 떠오를 것이다.

<그림 3.6 원반던지기 선수>

[출처 : pandastic.tistory.com]

남자 원반던지기의 세계 기록은 1986년에 독일의 슐트(Schult; 1960－)가 세운 74.08미터이다. 남자 원반던지기는 반지름이 약 0.11m이고 무게가 2kg인 원반을 지름 2.5미터의 원 안에서만 이루어져야 한다. 또 아래 그림에서와 같이 원반은 34.92°의 제한된 각도 안에서 이루어져야 한다. 그렇지 않으면 원반이 관중에게 날아가 위험할 수도 있기 때문이다.

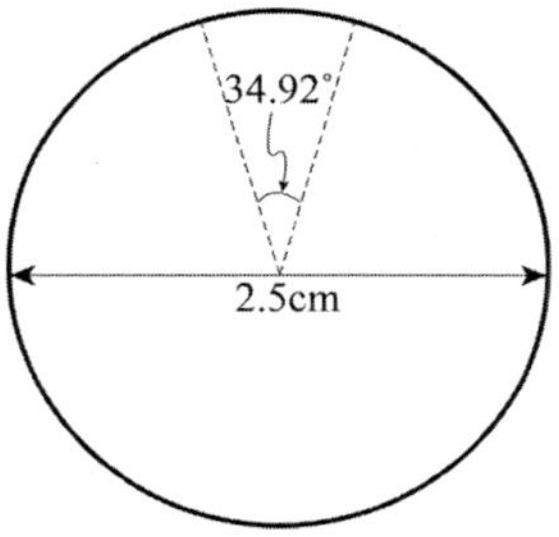

<그림 3.7 원반을 던지는 각의 범위>

원반던지기의 기록은 앞쪽의 원주로부터의 거리를 재기 때문에, 좋은 기록을 위해서는 당연히 원의 앞에서 던지되 원반이 원운동의 접선 방향으로 날아간다는 사실을 활용하여야 한다. 이때 질량이 m인 물체가 속도 v로 날아가는 운동에너지 KE는

$$KE = \frac{1}{2}mv^2 \tag{3.13}$$

이므로, 이만한 에너지가 몸으로부터 나와야 한다. 그런데 반지름이 r인 원반의 각속도를 w라 하면

$$v = rw \tag{3.14}$$

이므로, 속도를 높이려면 각속도를 크게 하여야 한다.

예를 들어 원반의 출발속도가 25m/s가 되려면 각속도가 다음과 같아야 한다.

$$w \approx \frac{25}{0.11} = 227(\text{radian/s}) \approx 36(\text{회전/s})$$

이 되어야 한다. 따라서 큰 각속도를 얻기 위해서 선수는 몸의 균형을 유지하면서 몸의 회전을 빨리하여야 한다.

선수가 원반을 손에 쥐고 회전을 하면 몸이 바깥으로 쏠리게 되고, 이 힘을 버티기 위해서는 안쪽으로 당기는 알짜 힘인 구심력이 작용한다. 반지름이 r인 호를 v의 속력으로 회전하는 물체가 호의 중심으로 향하는 가속도는

$$a_c = \frac{v^2}{r} \tag{3.15}$$

이다.

예를 들어 회전축으로부터 원반까지의 거리가 1m인 선수가 출발속도가 25m/s가 되도록 원반을 던질 때의 가속도는

$$a_c = \frac{25^2}{1} = 615(\text{m/s}^2) \approx 64\text{g}$$

이다. 따라서 2kg인 원반에 작용하는 힘은

$$F = ma = (2\,\text{kg}) \times (625\,\text{m/s2}) = 1{,}250N$$

이다. 그러므로 원반던지기 선수는 굉장한 힘을 쏟을 수 있는 근력이 필요함을 알 수 있다.

한편 원반이 땅으로부터 h인 높이에서 초속 v_0로 지면과 θ_0의 각도로 선수의 손을 떠난다고 할 때, 공기의 저항을 무시하는 경우 원반이 날아가는 거리는

$$R = \left(\frac{v_0^2 \cos\theta_0}{g}\right) \times \left(\sin\theta_0 + \sqrt{\sin^2\theta_0 + \frac{2h}{v_0}}\right) \tag{3.16}$$

임을 포물선운동으로부터 구할 수 있다.

만약 선수가 던질 수 있는 최대 속도를 v_0라고 할 때, 최대거리를 얻기 위하여 어떤 각도 θ_0로 던져야 할까? 이 값은 극값과 미분 사이의 관계를 이용하여 구할 수 있다. 즉

$$\frac{dR}{d\theta_0} = 0 \tag{3.17}$$

인 값 $\widetilde{\theta_0}$을 구하면 된다.

방정식 (3.17)을 풀면

$$\sin^2\widetilde{\theta_0} = \frac{1}{2(1+gh/v_0^2)} \tag{3.18}$$

을 얻는다. 따라서 원반이 날아가는 최대 거리($R_{\max}$)는

$$R_{\max} = \frac{v_0^2}{g}\sqrt{1+\frac{2gh}{v_0^2}}, \quad R_{\max} = h\tan(2\widetilde{\theta_0}) \tag{3.19}$$

이다.

위의 최대 거리 (3.19)는 공기의 저항을 고려하지 않았을 때의 이야기이다. 실제로 사이클링이나 넓이 뛰기 등 많은 육상경기는 바람의 영향을 많이 받는다. 이런 경기의 대부분은 뒷바람이 불 때는 기록이 좋게 나오고 맞바람이 불 때는 저조한 기록이 나온다. 그런 이유로 일정 범위를 벗어나는 바람이 있는 중에 실시한 경기 기록은 공식 기록으로 인정하지 않기도 한다. 그러나 원반던지기의 경우는 오히려 맞바람이 있는 경우에는 바람이 없거나 뒷바람이 있는 경우보다 좋은 기록이 나온다. 물론 태풍이 부는 경우와 같이 아주 강한 바람이 불 때는 상황이 달라지지만 말이다. 어쨌든 원반던지기의 기록은 바람의 영향과 관계없이 그 기록이 인정된다.

원반이 날아가는 동안에는 원반에 중력과 항력, 그리고 양력이 작용한다. 이때 바람의 속도를 v_w, 원반의 속도를 v_d라 하면 원반의 상대속

도 v_r은

$$v_r = v_d - v_w \tag{3.20}$$

로 나타난다.

그런데 공기의 밀도가 ρ일 때 항력 F_d와 양력 F_l은 각각

$$F_d = \frac{1}{2} c_D \rho A v_r^2$$

$$F_l = \frac{1}{2} c_L \rho A v_r^2 \tag{3.21}$$

로 나타나므로, 공기 역학에 의한 가속도 a는

$$a = \frac{1}{\rho M} A v_r^2 (c_D^2 + c_L^2)^{1/2} \tag{3.22}$$

로 나타난다. 여기서 M은 원반의 질량이다. 물론 계수 c_D, c_L은 원반과 v_r이 이루는 각 ψ의 크기에 영향을 받으나, v_r, ρ와 각속도 ω에는 영향을 작게 받는다.

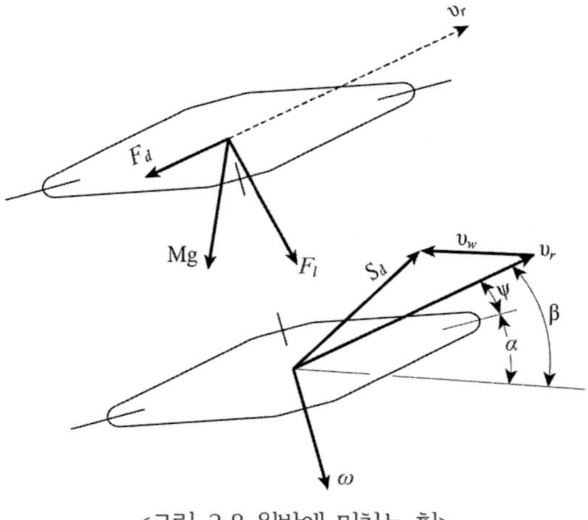

<그림 3.8 원반에 미치는 힘>

원반의 궤적을 이차원적으로 생각하면, 뉴턴의 법칙에 의하여

$$\frac{d^2x}{dt^2} = -\frac{1}{2M}\rho A v_r^2 (c_D \cos\beta + c_L \sin\beta) \tag{3.23}$$

$$\frac{d^2y}{dt^2} = -g + \frac{1}{2M}\rho A v_r^2 (c_L \cos\beta - c_D \sin\beta) \tag{3.24}$$

이 성립한다.

따라서 T 시간 후의 원반의 속도는 위 식 (3.23) ~ (3.24)를 적분하면

$$v_{r_0} = v_{d_0} - v_w$$

$$\frac{dx}{dt} - v_w = v_{r_x} = v_{r_{x_0}} - \frac{1}{2}\left(\frac{\rho A}{M}\right)\int_0^T v_r^2 (c_D \cos\beta + c_L \sin\beta) dt \tag{3.25}$$

$$\frac{dy}{dt} = v_{r_y} = -gT + v_{r_{y_0}} + \frac{1}{2}\left(\frac{\rho A}{M}\right)\int_0^T v_r^2 (c_L \cos\beta - c_D \sin\beta) dt \tag{3.26}$$

이다. 여기서 v_{r_0}, v_{d_0}는 각각 초기 속도를 나타낸다.

이제 (3.25) ~ (3.26)을 한 번 더 적분하면, 원반의 위치는

$$x = v_w T + v_{r_{x_0}} T - \frac{1}{2}\left(\frac{\rho A}{M}\right)\int_0^T \int_0^t v_r^2 (c_D \cos\beta + c_L \sin\beta) dt' dt \tag{3.27}$$

$$y = -\frac{1}{2} g T^2 + v_{r_{y_0}} T + \frac{1}{2}\left(\frac{\rho A}{M}\right)\int_0^T \int_0^t v_r^2 (c_L \cos\beta - c_D \sin\beta) dt' dt \tag{3.28}$$

된다는 것을 알 수 있다.

Technical Notes

1. 올림픽 경기

고대 그리스의 올림픽으로부터 시작하여 쿠베르탱(Coubertin; 1863－1937) 남작에 의해 1896년 시작한 근대 올림픽은 '더 빨리(citius), 더 높이(altius), 더 힘차게(fortius)'를 모토로 국제 평화 운동에 기여하고 있다. 우리는 여기서 올림픽 모토와 깊은 관련이 있는 몇 가지 종목에 대하여 수학적 탐구를 하였다.

2. 추정량

운동경기가 열릴 때 우리는 선수들의 준비기간 동안의 기록을 보고 선수들의 성적을 예측한다. 그런데 이 예측 값은 아무래도 한정된 정보(자료)를 가지고 있기 때문에 우연의 요소를 가지고 있다. 그런 이유로 모수(parameter)로 예측되는 값을 이 모수에 대한 추정량(estimator)이라고 부른다.

예를 들어, 100m 달리기 선수의 기록에 대한 모수 t의 추정량을 $\tilde{t}$로 나타내자. 확률변수 X가 평균이나 분산과 같이 우리가 알고 있지 않은 모수 t를 포함하고 있을 때, t의 값을 추정하기 위한 추정량 $\tilde{t}$를 찾아야 한다. 만약 n번의 독립시행에서 확률변수 X가

$$x_1,\ x_2,\ \cdots,\ x_n$$

의 값을 가진다면, 분명 $\tilde{t}$는 $x_1, x_2, \cdots, x_n$의 함수로 나타나는 또 다른 확률변수가 된다.

추정량 $\tilde{t}$가 모수 t에 대한 좋은 추정량이 되기 위해서는 다음 조건을 만족해야 한다.

① 시행의 횟수가 늘어날수록 $\tilde{t}$의 값은 모수 t의 값에 가까워지는 것이 자연스러우므로, 추정량 $\tilde{t}$는 모수 t의 값에 확률적으로 수렴해야 한다. 이런 성질을 갖는 추정량을 일관성(consistent)이 있다고 한다.

② 모수 t 대신 추정량 $\tilde{t}$을 사용하므로 $E(\tilde{t})=t$가 되는 것이 바람직하다. 이런 추정량을 불편추정량(unbiased estimator)이라고 한다.

③ 추정량 $\tilde{t}$의 분산이 최소가 되는 것이 좋다. 이런 추정량을 효율적인 추정량(efficient estimator)이라고 한다.

일반적으로 평균 m과 분산 σ^2의 추정량으로 각각

$$\tilde{m}=\frac{1}{n}(x_1+x_2+\cdots+x_n)$$

$$\begin{aligned}\tilde{\sigma}^2 &= \frac{1}{n-1}\sum_{i=1}^{n}(x_i-\tilde{m})^2 \\ &= \frac{n}{n-1}\left[\frac{x_1^2+x_2^2+\cdots+x_n^2}{n}-\tilde{m}^2\right]\end{aligned}$$

을 사용한다. 이때 $\tilde{m}$은 일관적이며 효율적인 불편추정량이다. 또 $\tilde{\sigma}$도 일관적이며 불편추정량이다.

3. 신뢰구간

모수 t에 대한 불편추정량 $\tilde{t}$를 찾으면, 우리는 $\tilde{t}$이 t에 가깝기를 바란다. 즉 $\tilde{t}$과 t의 차이가 어떤 양의 상수 ϵ에 대하여

$$|\tilde{t}-t|<\epsilon$$

이 되기를 바란다. 이때 ϵ의 크기는 $\tilde{t}$와 t가 서로 가까운 정도를 나타내는 잣대가 된다.

그런데 확률론에서는 $|\tilde{t}-t|<\epsilon$을 기대할 수는 없고, 대신 $P(|t-\tilde{t}|<\epsilon)$을 이용하여 정확도를 나타낼 수 있다. 이때

$$\alpha = P(|t-\tilde{t}|<\epsilon)$$

을 $|\tilde{t}-t|<\epsilon$이 될 신뢰도(reliability)라 하고, 구간

$$(\tilde{t}-\epsilon,\ \tilde{t}+\epsilon)$$

을 신뢰도 α에 대한 신뢰구간(confidence interval)이라고 한다.

4. 라플라스 함수

라플라스(Laplace; 1749 - 1827)는 흰 티켓이 p장, 검은 티켓이 q장 들어 있는, 그러나 흰색 티켓과 검은색 티켓의 비율 x의 값을 알 수 없는 주머니에서 $p+q$번 티켓을 꺼낼 때,

$$\begin{aligned} P\left(\left|\frac{p}{p+q}-x\right| \le \omega \mid p,\ q\right) &\approx \frac{2}{\sqrt{2\pi\sigma^2}}\int_0^{\omega} \exp(-z^{2/2\sigma^2})dz \\ &= \frac{2}{\sqrt{2\pi}}\int_0^{\omega/\sigma} \exp(-u^2/2)du \end{aligned}$$

가 된다는 것을 알아내었다. 여기서 $\sigma^2 = pq/(p+q)^3$이다. 이것으로부터 1774년 라플라스는

$$\int_0^{\infty} \exp(-z^2/2)dz = \sqrt{\frac{\pi}{2}}$$

이 된다는 것을 발견하였다.

5. 공분산

두 확률변수 X, Y의 확률분포가 다음과 같다고 하자.

X	x_1	x_2	$\cdots$	x_n
$P(X)$	p_1	p_2	$\cdots$	p_n
Y	y_1	y_2	$\cdots$	y_l
$P(Y)$	q_1	q_2	$\cdots$	q_l

이 때, 확률변수 X, Y의 평균과 분산은 각각

$$E(X)=m_x,\ E(Y)=m_y,\ V(X)=\sigma_x^2,\ V(Y)=\sigma_y^2$$

이때 확률변수 X, Y의 관계를 나타내는 공분산(covariance) K_{xy}은

$$K_{xy}=E[(X-m_x)(Y-m_y)]=\sum_{j=1}^{l}\sum_{i=1}^{n}(x_i-m_x)(y_j-m_y)p_{ij}$$

이다. 즉, 공분산은 평균을 중심으로 하는 새로운 확률변수 X_m-x, $Y-m_y$의 곱의 기댓값이다. 여기서 p_{ij}는 $X=x_i$, $Y=y_j$가 일어날 결합확률(joint probability)이다.

6. 상관관계

확률변수 X, Y가 서로 독립인 경우에는 공분산 $K_{xy}=0$가 된다. 확률변수 X, Y의 관계를 나타내는 데는 공분산 대신 상관계수(correlation)

$$r_{xy}=\frac{K_{xy}}{\sigma_x\sigma_y}$$

를 사용한다.

상관계수 r_{xy}는

$$-1\le r_{xy}\le 1$$

의 값을 가지는데, 확률변수 X, Y의 상관계수가

$r_{xy}>0$인 경우 양의 상관관계

$r_{xy}<0$인 경우 음의 상관관계

를 가진다고 말한다.

다시 말하면 양의 상관관계는 한 변수가 증가하면 다른 변수도 증가하고, 음의 상관관계는 한 변수가 증가하면 다른 변수는 감소하는 경우를 의미한다.

7. 구심력

반지름이 r인 원 위의 점은

$$X(t) = r(\cos\theta,\ \sin\theta)$$

로 나타나므로, 속도와 가속도는 각각

$$X'(t) = r\theta'(-\sin\theta, \cos\theta)$$

$$\begin{aligned} X''(t) &= r\theta''(-\sin\theta, \cos\theta) - r(\theta')^2(\cos\theta,\ \sin\theta) \\ &= r\theta''(-\sin\theta, \cos\theta) - \frac{1}{r}(r\theta')^2(\cos\theta,\ \sin\theta) \end{aligned}$$

이다. 만약 등각속도 운동을 한다면 θ''은 0이므로

$$X''(t) = -\frac{1}{r}(r\theta')^2(\cos\theta,\ \sin\theta)$$

가 된다.

위의 관계식으로부터, 내적을 이용하면

$$X(t) \cdot X'(t) = 0$$

이므로, 원 운동하는 물체의 속도는 접선방향이고 가속도는 원의 중심을 향한다는 것을 알 수 있다. 또

$$|X'(t)| = (r\theta')^2, \quad |X''(t)| = \frac{(r\theta')^2}{r}$$

이므로, 가속도의 크기는

$$a_c = \frac{v^2}{r}$$

임을 알 수 있다.

8. 3D 원반

원반의 3D 모델은 참고문헌 [5]에서 찾아볼 수 있다.

참고문헌

[1] 김홍종, **미적분학** 1, 서울대학교 출판부(2008)

[2] 정상권, 이재학, 박혜숙, 홍진곤, 박부성, 최홍원, 민진원, 김호경, **고등학교 확률과 통계**, 금성출판사(2014)

[3] 존 에릭 고프, **금메달 물리학**, 진선미 역, 양문(2015)

[4] C. Frohlich, *Aerodynamic effects on discus flight*, American Journal of Physics, 49(1981), 1125－1132

[5] M. Hubbard and K. B. Cheng, *Optimal discus trajectories*, Journal of Biomechanics, 40(2007), 3650－3659

[6] L. E. Sadovskii and A. L. Sadovskii, *Mathematics and sports*, American Mathematical Society(1993)

[7] S. M. Stigler, *The history of statistics*, The Belknap Press of Havard University Press(2003)

[8] http://wikipedia.org

제4장

테니스

4.1 테니스 라켓

영국의 은퇴한 시장인 윙필드(Wingfield; 1833 - 1912)는 당시로서는 새로운 경기인 지금의 테니스를 1874년에 등록하였다. 물론 테니스와 유사한 운동은 오래 전 이집트 시대에도 있었다는 기록이 있다. 13세기 프랑스에서는 귀족들이 공을 각자 손으로 던지는 경기를 하였기 때문에 이것을 귀족경기 또는 손바닥 경기(game of the palm, jeu de paume) 라고 불렀다. 13세기에서 18세기 동안 영국에서는 손바닥으로 공을 벽에 쳐서 경기를 하였다.

테니스가 러시아 문학 작품에 처음 나타나는 것은 레오 톨스토이의 <안나 까레리나(Anna Karenina)>인데, 그 당시의 테니스는 지금과 사뭇 다르다. 코트와 관계없이 운동을 위한 오락으로 경기를 하였으며, 특히 여자의 복장은 불편한 긴 치마이고, 볼은 천으로 감싸지 않았고, 라켓은 느슨하게 굵은 줄로 매여져 있었다. 그 후 공은 말의 털로 감았다가 루이 11세가 볼을 가죽과 양털로 감도록 하였다. 다시 공은 고무로 만들어지었다가 지금과 같이 펠트(felt)로 싼 공으로 발전되었다.

라켓은 나무로부터 시작하여 알루미늄, 화이버 글라스, 티타늄, 그래파이트 등으로 만들어지다 요즈음은 압전기(piezoelectric) 재료를 사용하여 만들어지기도 하며, 무게는 300g정도 된다.

라켓을 들었을 때 두 종류의 무게를 느끼게 되는데, 하나는 질량에 의한 무게이고 또 다른 하나는 라켓의 어느 부분을 잡느냐에 따라 다르게 느끼는 무게이다. 이것은 라켓의 질량의 분포와 질량중심 또는 균형점(balance point)이 어디냐에 따라 달라진다.

<그림 4.1 테니스경기>

[출처 : commons.wikimedia.org]

예를 들어, 질량중심이 13인치(33.02cm)이고 질량이 300g인 라켓과 질량중심이 13.5인치(34.29cm), 질량이 290g인 라켓을 들었을 때의 느낌은 300g인 라켓이 가볍게 느껴진다. 이 이유는 지렛대 원리에 의해

$$300 \times 13 < 290 \times 13.5$$

이기 때문이다.

실제로 우리가 라켓을 손에 잡을 때 라켓을 수평으로 유지하기 위해 라켓의 토크에 반대되는 힘이 필요한데, 이때의 힘 F는

$$F \times H = W \times R$$

이 되어야 한다. 그러므로 손가락을 펴서 H의 값을 4~5인치 정도로 늘리면, 손바닥에서 느끼는 힘을 줄일 수 있다. 즉 라켓의 무게를 가볍게 느낄 수가 있어 스윙을 손쉽게 할 수 있다.

이런 이유로 모든 테니스 교본에서 손가락을 넓게 펴서 라켓을 잡으라고 하는 것이다. 물론 손을 헤드 쪽으로 올려 잡아 힘을 줄일 수는 있으나 이것은 H의 값을 그다지 늘리지 못하므로 효과적인 방법이 아니다. 실제로 손을 올려 잡아 손가락을 펴서 잡는 것만큼 효과를 보려면 거의 2.6인치를 올려 잡아야 하는데, 이것은 상당히 올려 잡아야 한다는 것을 의미한다.

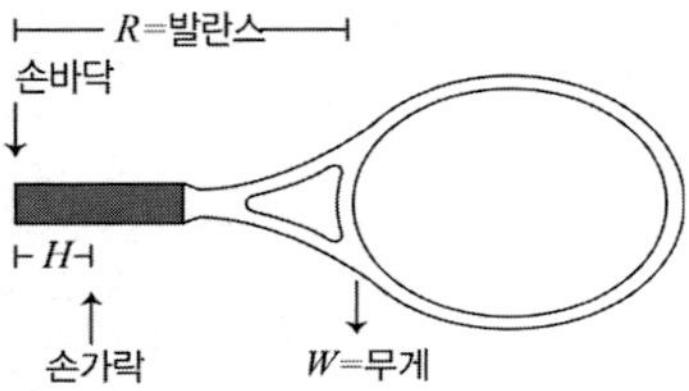

<그림 4.1 테니스 라켓의 여러 가지 중심>

지금까지는 라켓을 잡았을 때의 느낌에 대하여 말해 왔으나, 실제로 라켓을 스윙하면 느끼는 것이 다르다. 대부분의 라켓은 손잡이 밑에서 4인치(10.16cm)의 위치(회전중심)에 손을 잡고 스윙한다고 가정하여, 소위 스윙 웨이트(swing-weight)를 계산한다. 당연히 이 회전중심에서 멀수록 라켓은 더 빨리 움직이므로 스윙 웨이트는

$$S_w = m \times d^2 \tag{4.1}$$

와 같이 계산한다. 스윙 웨이트가 크면 공에 많은 힘을 전달할 수 있으나, 스윙 웨이트가 큰 라켓은 가벼운 것보다 스윙이 힘들며 길이나 무게가 같은 조건에서는 헤드가 큰 것이 스윙 웨이트가 크다. 라켓으로 공을 칠 때 안정적이며, 다루기 쉽고, 무게가 가벼우면서도 힘이 잘 전달되는 라켓을 만드는 것이 중요한데, 이들 요소 중 어느 것은 무게가 무거울수록 좋고 어느 요소는 무게가 가벼울수록 좋다.

실제로 스윙 웨이트 외에도 라켓이 공에 의하여 돌아가는 뒤틀림 웨이트(twist-weight)와 반동 웨이트(recoil-weight)가 있다.

<그림 4.2 스윙 웨이트, 뒤틀림 웨이트, 반동 웨이트>

자신이 사용하고 있는 라켓의 스윙웨이트를 잴 수 있는 방법이 있는데, 아래 그림과 같이 6인치 사이의 간격을 두고 대칭으로 라켓을 걸고, 한 10회 정도 흔들어 보아 라켓이 움직이는 주기 T를 잰다. 그러면

$$S_w = m\left(\frac{PT^2}{40.28} - \frac{P^2}{1000} + \frac{Y^2}{1000}\right) \tag{4.2}$$

이 스윙 웨이트이다. 여기서,

m : 라켓의 질량(g)
T : 라켓의 진동 주기(second)
P : 질량중심에서 회전중심까지의 거리(cm)
$Y = BP - 10.16$: 질량 중심에서부터 회전중심까지의 거리(cm)
BP : 라켓 손잡이 끝에서 질량중심까지의 거리(cm)

이다.

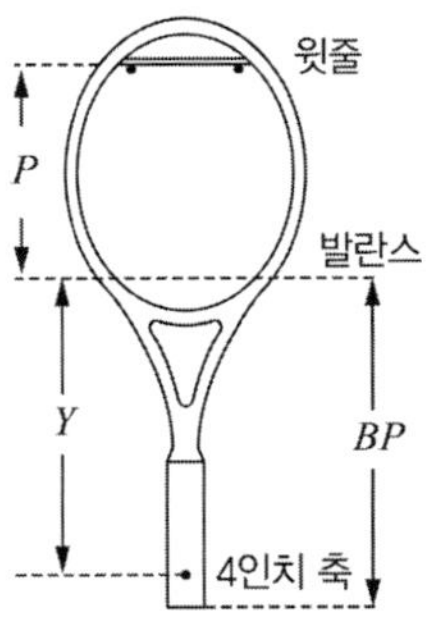

<그림 4.3 스윙 웨이트 측정>

뒤틀림 웨이트는 <그림 4.4>와 같이 질량중심선을 사이에 두고 수평으로 라켓을 건 다음 진동 주기 T를 구하여

$$T_w = m\left(\frac{PT^2}{40.28} - \frac{P^2}{1000}\right) \tag{4.3}$$

을 계산하면 된다. 여기서,

T : 진동 주기(second)

P : 라켓의 가장 긴 줄에서 웨이트를 재기 위해 건 줄의 밑까지의 거리(cm)

를 나타낸다.

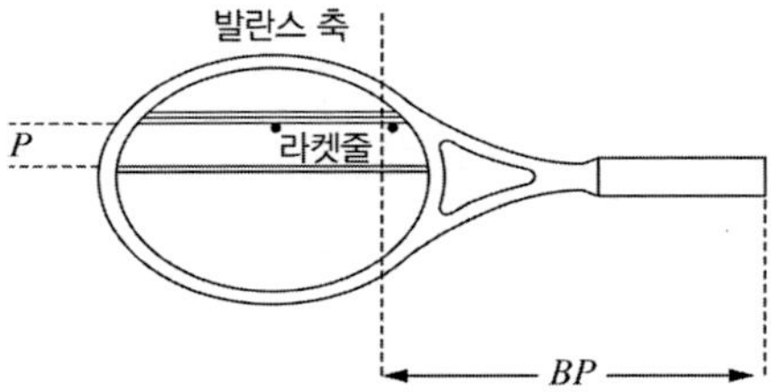

<그림 4.4 뒤틀림 웨이트>

반동 웨이트는 질량중심의 스윙 웨이트를 말한다. 우리는 이미 회전중심의 스윙 웨이트를 알고 있으므로

$$I = I_{cm} + mY^2 \tag{4.4}$$

을 얻는다. 여기서,

I : 질량중심의 관성모멘트(스윙 웨이트)

I_{cm} : 반동웨이트(질량중심의 스윙웨이트)

Y : 회전중심에서 질량중심까지의 거리(cm)

이다. 따라서

$$R_w = S_w - mY^2 \tag{4.5}$$

이다.

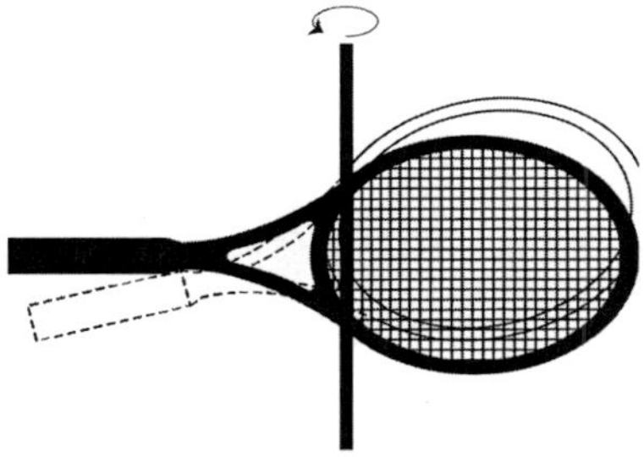

<그림 4.5 반동 웨이트>

4.2 라켓과 공의 충돌

테니스에서 자주 사용되는 용어는 소위 스위트 스폿(sweet - spot)이다. 스위트 스폿이 무엇이며, 어디에 있는지 또 얼마나 넓은지 등이 라켓 제조회사의 광고에 자주 등장하는 용어이다. 그런데 스위트 스폿이 무엇이냐고 선수들에게 묻는다면 "공이 라켓에 닿을 때 느낌이 좋은 곳" 또는 "힘들이지 않고 공이 날아가는 것처럼 느끼는 곳"이라고 말한다. 이런 '느낌'을 실험실에서나 코트에서 측정할 수 있을까?

이런 문제를 분석해보면 사실 세 곳의 스위트 스폿이 존재하는데, 이들은 볼이 라켓에 닿을 때 손에 쇼크나 불쾌감이 최소로 느끼는 곳(COP; center of percussion), 라켓의 진동이 최소가 되도록 하는 곳, 공의 속력이나 힘이 최대인 곳(반발계수가 최대인 곳)이다.

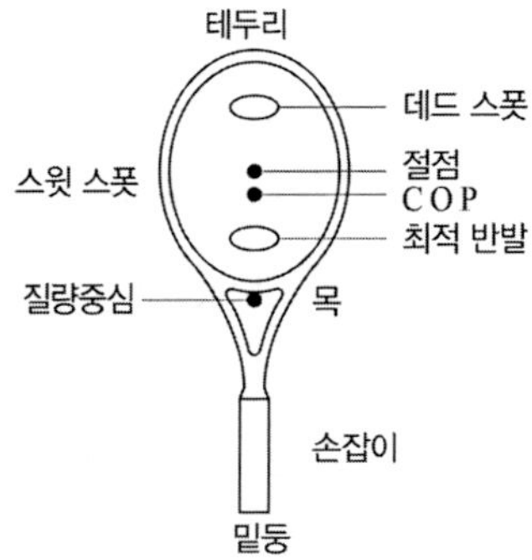

<그림 4.6 스위트 스폿>

공을 라켓으로 치면 손과 손목에 큰 충격을 느끼기도 하지만, 어떤 경우는 라켓의 줄에 의한 영향 때문에 아무 느낌이 없을 때도 있다. 사실 공과 정지해 있는 라켓 사이에는 아래 <그림 4.7>과 같이 평행이동과 질량중심을 중심으로 회전이 일어난다. 그런데 그립을 한 손으로 잡으면 아래 <그림 4.7>의 세 번째와 같이 이 점에서는 이동과 회전이 없게 되므로 손에는 충격을 느끼게 된다.

평행이동 + 질량중심에 대한 회전 = 손잡이에 대한 회전

<그림 4.7 라켓의 회전>

그러나 공이 라켓의 특별한 곳에 맞으면 손에서 두 운동이 멈춘 것처럼 느껴지는데, 이 점이 COP이다. COP는 얼마나 세게 공을 치는지, 어떤 종류의 스트로크를 하는 지에는 관계없이 오직 라켓의 질량이 어떻

게 분포되어 있는지 또 그립의 어디에 손을 잡는지에 따라 달라진다. COP는 라켓 줄의 중심에서 약 5cm 아래쪽에 있다.

COP는

$$\text{COP} = 9.78 \times T^2 (\text{inch}) \tag{4.6}$$

또는

$$x = \frac{I_{cm}}{mb} \tag{4.7}$$

와 같이 계산한다. 여기서,

T : 손을 잡은 곳을 중심으로 진동하는 라켓의 진동 주기(second)

I_{cm} : 질량중심의 관성 모멘트(kg·cm²)

m : 라켓의 질량(kg)

b : 질량중심에서 공의 임팩트 포인트까지의 거리(cm)

x : 질량중심에서 핸들 끝까지의 거리(cm)

이다.

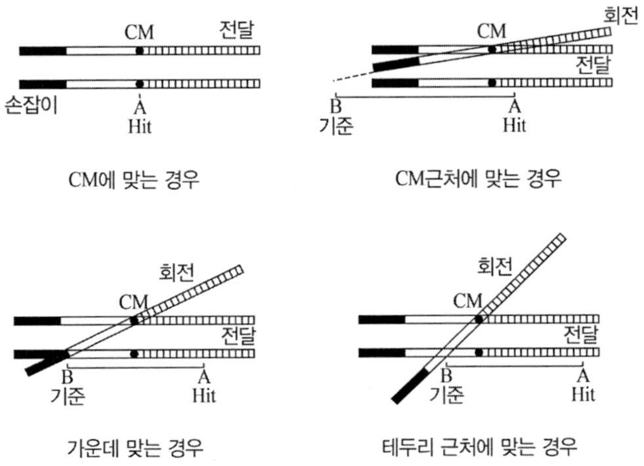

<그림 4.8 COP>

둘째로, 라켓으로 공을 치면 라켓이 진동하게 되는데, 이것을 그림으로 나타내면 <그림 4.9>와 같이 제1진동은 진폭이 큰 실선으로 나타난다. 공에 의한 것은 아니지만 라켓에서 그 다음으로 진폭이 큰 진동인 제2진동은 점선으로 나타난다. 이때 진폭이 0인 두 점이 나타나는데, 이 점을 절점(node)이라고 한다.

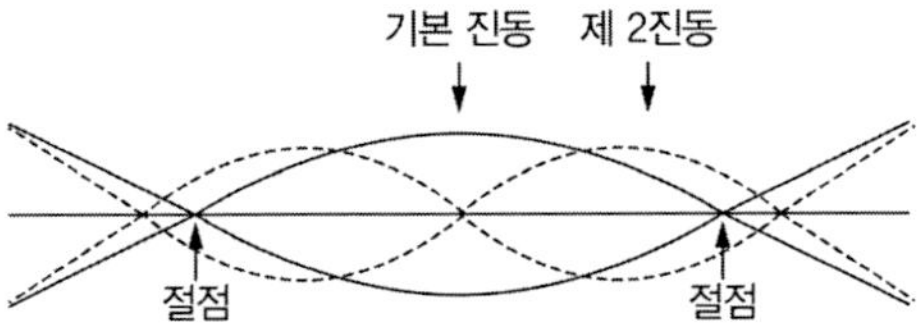

<그림 4.9 라켓의 진동>

공이 절점에 맞지 않으면 라켓이 진동하게 되는데, 이 진동의 폭은 공이 얼마나 세게 부딪히느냐, 라켓이 얼마나 유연성이 있느냐, 공이 절점으로부터 얼마만큼 떨어져서 맞느냐에 달려있다. 다시 말하면 공이 이 절점에 맞으면 라켓은 전혀 진동하지 않는다. 이런 의미에서 이들 점도 스위트 스폿이라고 할 수 있다.

아래 <그림 4.11>은 라켓의 절점을 나타낸 것인데, 공이 가운데 절점이 아닌 10시나 2시 방향의 절점에 맞으면 라켓이 뒤틀리게 된다. 따라서 스위트 스폿은 회전축(가장 긴 줄)에 있는 절점이 된다.

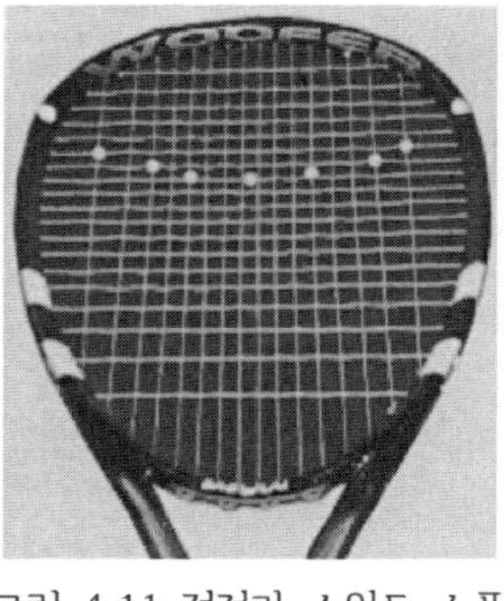

<그림 4.11 절점과 스위트 스폿>

마지막으로, 테니스에서의 파워란 물리에서의 개념과는 달리 라켓을 휘두르는 힘에 비하여 공이 빠른 속력으로 날아가는 것을 말한다. 같은 속력으로 스윙할 때 무거운 라켓은 가벼운 라켓보다 공을 밀어주는 힘이 강하다. 그러나 가벼운 라켓으로 더 빨리 스윙할 수 있다면 더 많은 파워를 낼 수 있다.

그런데 라켓을 빨리 스윙할수록 공의 컨트롤을 잃을 수 있으므로, 대부분의 경우에는 공의 컨트롤을 위해 라켓을 온 힘을 다해 스윙하지 않는다. 다만 서브를 할 때는 가능한 한 힘껏 스윙을 한다.

라켓의 파워 효과를 측정하기 위해서 라켓 제작업자들은 라켓 헤드의 여러 지점에 볼을 날려보고 튀어 오르는 공의 속력을 잰다. 이때 입력되는 공의 속력과 튀어 나오는 공의 속력의 비를 표면반발계수(ACOR; apparent coefficient of restitution)라고 하는데, ACOR이 클수록 파워가 큰 라켓이다. 일반적으로 ACOR이 최대인 곳은 질량중심에서 가까운 헤드 쪽에 위치한다.

4.3 반발계수

움직이는 테니스공은 계속 움직이려고 하고, 정지해 있는 테니스공은 계속 정지해 있으려고 한다. 이것이 뉴턴의 제1운동법칙인 관성의 법칙이다. 그런데 테니스공의 속력이나 운동방향을 바꾸려면 힘이 필요한데, 이 힘 F는 공의 질량 m과 가속도 a의 곱이다. 즉

$$F = ma \tag{4.8}$$

이다. 이것이 뉴턴의 제2운동법칙인 가속도의 원리이다. 한편 라켓에 접한 공의 힘은 공에 접한 라켓의 힘의 크기와 같으나 방향은 반대이다. 이것이 뉴턴의 제3운동법칙인 작용과 반작용의 법칙이다.

또 작용과 반작용과 같이, 라켓과 공이 충돌하면 볼의 모멘트의 변화량과 라켓의 모멘트의 변화가 방향은 반대이지만 크기는 같다. 이때 모멘트는 질량과 속도 v의 곱, 즉

$$p = mv \tag{4.9}$$

로 나타난다.

뉴턴의 제2운동법칙 $F = ma$에서 v_1, v_2를 각각 충돌 전과 충돌 후의 속도라고 하면

$$F = ma = m\frac{v_2 - v_1}{t} = m\frac{\Delta v}{t}$$

이므로

$$Ft = m\Delta v$$

이다. 그런데 라켓과 공이 충돌할 때, 같은 시간 동안 서로의 힘은 같으나 방향이 반대이므로 라켓이 받는 힘을 F_r, 공이 받는 힘을 F_b로 나타내면

$$F_b = -F_r, \qquad t_b = t_r$$

이다. 따라서

$$F_b t_b = -F_r t_r$$

을 얻는다. 즉 볼과 라켓 모멘트의 변화량의 크기가 같고 방향이 반대인

$$m_b v_{b2} - m_b v_{b1} = -(m_r v_{r2} - m_r v_{r1}) = m_r v_{r1} - m_r v_{r2}$$

인 관계식을 얻는다.

이 식을 변환하여 달리 나타내면

$$m_r v_{r1} + m_b v_{b1} = m_r v_{r2} + m_b v_{b2} \tag{4.10}$$

이다. 즉, 충돌 전 라켓과 공의 모멘트가 충돌 후의 모멘트와 같다(모멘트 보존법칙)는 것을 알 수 있다.

라켓과 공의 충돌을 위와 같이 모멘트를 이용하여 나타내는 방법과 달리 에너지를 이용하여 나타낼 수도 있다. 사실 에너지도 뉴턴의 제2 운동법칙으로부터 유도할 수 있다. 먼저 일 W란 힘 F를 적용하여 거리 d만큼 움직인 것을 말한다. 즉,

$$W = Fd$$

로 나타난다. 그런데 공에 미친 힘은 $F = ma$이고 $Ft = m(v_2 - v_1)$이고 공과 라켓이 접촉한 시간 t는 거리를 평균속도로 나눈 것이므로

$$t = \frac{d}{(v_2 + v_1)/2} = \frac{2d}{v_2 + v_1}$$

이다. 따라서

$$2Fd = (mv_2 - mv_1)(v_2 + v_1)$$

이므로, 이것을 다시 정리하면

$$W = Fd = \frac{1}{2}mv_2^2 - \frac{1}{2}mv_1^2 \tag{4.11}$$

이다. 즉, 일이란 운동에너지의 변화량과 같다.

이제 모멘트 보존법칙과 같이 공과 라켓에 대한 에너지를 계산해 보면

$$\frac{1}{2}m_r v_{r1}^2 + \frac{1}{2}m_b v_{b1}^2 = \frac{1}{2}m_r v_{r2}^2 + \frac{1}{2}m_b v_{b2}^2 \tag{4.12}$$

이 성립한다. 즉, 충돌 전의 공과 라켓이 가지고 있는 에너지는 충돌 후에도 그대로 유지되므로 에너지 보존법칙이 성립한다.

만약 충돌 과정에서 에너지가 100% 보존된다고 가정하면, 라켓의 운동에너지를 크게 하는 것이 충돌 후 공의 속도를 높이는 것일 것이다. 그렇다고 해서 가능한 한 가벼운 라켓을 빨리 스윙하는 것이 효과적이라는 말은 아니다. 왜냐하면 요즈음의 라켓은 웬만하면 원하는 만큼 빨리 스윙할 수 있고, 대부분의 선수는 자신이 편하게 느끼는 스윙 속도가 있기 때문이다.

따라서 자신의 라켓 스윙 속도가 일정하게 정해져 있다고 보면 어떤 라켓이 공의 속도를 높일 수 있는 라켓이냐는 것이 문제가 된다. 물론 편안하게 스윙할 수 있는 것 중에서 가능한 한 무거운 라켓이 좋다.

앞에서는 에너지가 완전히 보존된다고 가정하였다. 그러나 실제 상황에서는 그렇지 않다. 물론 에너지가 없어진다는 것은 아니고, 라켓과 공이 가지고 있는 에너지가 다른 형태로 바뀌어 공에 100% 전달되지는 않는다는 것이다.

이러한 에너지 손실은 충돌 전후의 상대속도의 비로 나타낼 수 있는데, 이것이 반발계수 또는 복원계수(COR, coefficient of restitution)이다. 즉, COR은

$$\mathrm{COR} = e = -\frac{v_{r2} - v_{b2}}{v_{r1} - v_{b1}} \tag{4.13}$$

으로 나타난다. 여기서 음의 부호는 COR의 값을 양으로 나타내기 위하여 사용되었다. 물론 COR은 0과 1 사이의 값이다.

식 (4.13)과 모멘트 보존법칙 (4.10)인

$$m_r v_{r1} + m_b v_{b1} = m_r v_{r2} + m_b v_{b2}$$

을 이용하여 정리하면, 충돌 후의 공의 속도는

$$v_{b2} = \frac{e m_r (v_{r1} - v_{b1}) + m_r v_{r1} + m_b v_{b1}}{m_r + m_b} \tag{4.14}$$

이고, 충돌 후의 라켓의 속도는

$$v_{r2} = \frac{m_r v_{r1} + m_b v_{b1} - e m_b (v_{r1} - v_{b1})}{m_r + m_b} \tag{4.15}$$

로 나타난다.

COR을 간단히 측정하는 방법은 라켓을 마룻바닥에 놓고 공을 줄의 중앙에 떨어뜨려 측정하는 것이다. 그러면 충돌 전후의 라켓의 속도는

0이므로

$$e = \frac{v_{b2}}{v_{b1}} = \sqrt{\frac{h_b}{h_d}} \tag{4.16}$$

로 나타난다. 여기서,

h_b : 공이 튀어 오른 높이, h_d : 공을 떨어뜨리는 자유낙하 높이

이다.

라켓의 성능을 측정하는 더 간단한 방법이 있는데, 라켓을 정지 상태에서 손으로 잡고 공을 라켓의 줄에 수직으로 떨어뜨려 충돌 직전 공의 속도 v_{b1}와 충돌 직후 튀어 오르는 공의 속도 v_{b2}의 비를 재는 것이다. 이것이 표면발발계수(ACOR)인데 이때

$$\mathrm{ACOR} = e_A = \frac{v_{b2}}{v_{b1}} \tag{4.17}$$

이다. ACOR은 라켓의 지점에 따라 다른데, 라켓의 끝부분에서는 0.1, 줄의 중간 부분에서는 0.4, 파워포인트에서는 0.5 정도 된다.

식 (4.17)을 이용하면, 공의 속도가 v이고 라켓의 속도가 V일 때 공은 일시적으로 정지했다가 V만큼의 속도를 얻어 공의 속도는 $V+v$가 된다. 그런데 표면반발계수는 $e_A = \frac{v}{V}$이므로, 서브의 속도가 $v_s = v + V$, 즉

$$v_s = (1 + e_A)V \tag{4.18}$$

가 된다.

일반적으로 공의 충돌 전과 충돌 후의 속도를 각각 v_1, v_2라 하고 라켓의 속도를 V라 하면, 공의 상대속도는 다음과 같다.

$$v_{\mathrm{in}} = v_1 - V, \; v_{out} = v_2 + V \tag{4.19}$$

그런데 $v_2 = e_A v_1$, $v_1 = v_{\mathrm{in}} + V$이므로

$$v_{out} = e_A v_1 + V = e_A v_{\mathrm{in}} + (1 + \mathrm{e_A})V \tag{4.20}$$

가 된다.

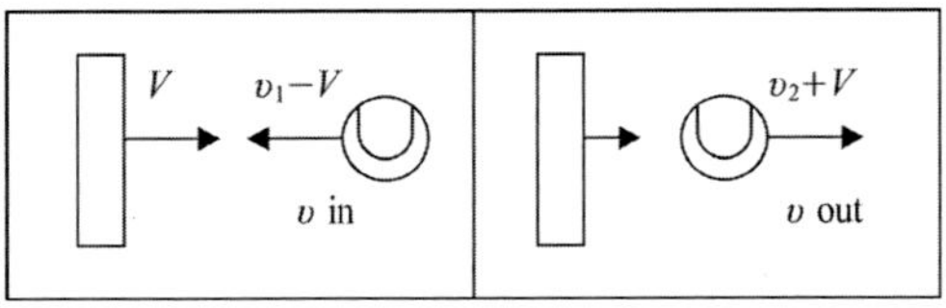

<그림 4.11 충돌 전의 공의 속도와 충돌 후의 속도>

4.4 게임의 점수(스코어링)

테니스 경기의 스코어링 시스템은 내기(상금)에서 시작되었다. 프랑스에서는 한 게임의 값이 60 sous coin이었는데, 이것이 15 sous coin 4개로 바뀌었다. 이것은 4번의 스트로크에 해당하므로 처음에는 15, 30, 45, 60으로 부르다가, 간단히 15, 30, 40, 60으로 부르게 되었다. 따라서 한 선수가 첫 번째 점수를 얻으면 15 : 0, 두 번째 점수를 얻으면 30 : 0, 세 번째 점수를 얻으면 40 : 0, 네 번째 점수를 얻으면 60 : 0이 되어 한 게임을 얻는다.

우리가 알고 있듯이 서버(server)의 점수를 먼저 부르게 되는데, 한 게임에서 생길 수 있는 점수의 경우는 다음과 같다.

15 : 0, 30 : 0, 40 : 0, 0 : 15, 0 : 30, 0 : 40
15 : 15, 30 : 15, 40 : 15, 15 : 30, 15 : 40
30 : 30, 40 : 30, 30 : 40, 듀스(deuce)
어드밴티지 인(advantage in, ad in),
어드밴티지 아웃(advantage out, ad out), 게임(game)

듀스는 여섯 번째 점수부터 같은 점수를 이룰 때를 말하며, 애드 인과 아웃은 각각 듀스로부터 서버가 점수를 얻을 때와 잃을 때의 점수를 말한다. 이런 경기를 계속하여 어느 한쪽 선수가 듀스로부터 연속하여 두 번 점수를 얻으면 이 게임이 끝난다. 예를 들면 서버가 애드 인에서 바로 다음에 점수를 얻으면 이 게임을 얻는다.

이제 한 게임을 얻을 확률에 대하여 알아보자. 예를 들어 A와 B가 점수를 얻을 확률이 각각

$$P(A)=0.6,\ P(B)=0.4$$

라고 했을 때, 한 상태에서 다음 상태로 가는 경우를 화살표로 나타내면 다음과 같은 <그림 4.12>을 얻는다. <그림 4.12>에서는 40 : 30, 30 : 30, 40 : 40을 각각 애드 인, 듀스, 애드 아웃과 함께 같은 네모 상자의 위치에 그렸다.

<그림 4.12>에서, 한 상태에서 다른 상태로 옮겨갈 때 전의 상태는 물론 영향을 주지 않는다. 이러한 과정을 확률론에서는 마코프 연쇄(Markov chain)라고 부른다.

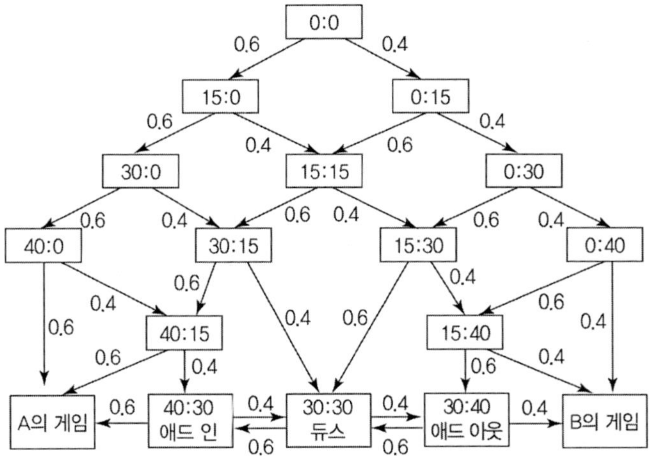

<그림 4.12 게임을 얻을 점수와 확률>

마코프 연쇄로부터 처음 0 : 0인 상태일 때 A의 처음 서브에서

$$P(15:0)=0.6$$
$$P(0:15)=0.4$$

이고, 두 번의 스트로크 후에

$$P(30:0)=0.6\times0.6=0.36$$
$$P(15:15)=0.6\times0.4+0.4\times0.6=0.48$$
$$P(0:30)=0.4\times04=0.16$$

이며, 세 번의 스트로크 후에는

$$P(40:0)=0.6\times0.6\times0.6\approx0.22$$
$$P(30:15)=P(30:0)\times0.4+P(15:15)\times0.6\approx0.43$$
$$P(15:30)=P(15:15)\times0.4+P(0:30)\times0.6\approx0.29$$
$$P(0:40)=0.4\times0.4\times0.4\approx0.06$$

를 얻는다. 같은 방법으로 네 번의 스트로크 후에

$$P(A\text{의 게임})\approx0.13$$
$$P(40:15)\approx0.35$$
$$P(30:30)\approx0.35$$
$$P(15:40)\approx0.15$$
$$P(B\text{의 게임})\approx0.02$$

을 얻고, 다섯 번의 스트로크 후에는

$$p_1^0=P(A\text{의 게임})=0.6^4(1+4\times0.4)\approx0.33$$
$$p_2^0=P(\text{애드 인})=4\times0.6^3\times0.4^2\approx0.15$$
$$p_3^0=P(\text{듀스})=6\times0.6^2\times0.4^2\approx0.33$$
$$p_4^0=P(\text{애드 아웃})=4\times0.6^2\times0.4^3\approx0.11$$
$$p_5^0=P(B\text{의 게임})=0.4^4(1+4\times0.6)\approx0.09$$

을 얻는다.

이제 마지막 줄의 상태에서 A가 B를 이길 확률을 계산하여 보자.

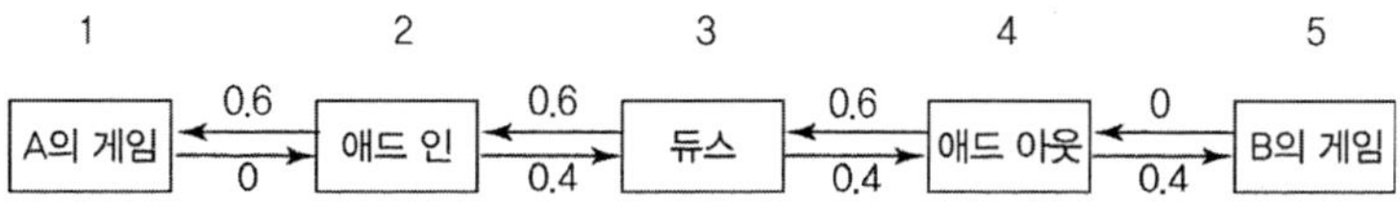

행렬 $T=(a_{ij})$에서 a_{ij}를 j상태에서 i상태로 갈 확률을 나타내기로 하면, 다음과 같은 전이행렬(transition matrix)을 얻는다.

$$T=\begin{pmatrix} 1 & 0.6 & 0 & 0 & 0 \\ 0 & 0 & 0.6 & 0 & 0 \\ 0 & 0.4 & 0 & 0.6 & 0 \\ 0 & 0 & 0.4 & 0 & 0 \\ 0 & 0 & 0 & 0.4 & 1 \end{pmatrix}$$

초기 확률분포 벡터를 $p^0=(p_1^0,\ p_2^0,\ p_3^0,\ p_4^0,\ p_5^0)^t$로 나타내기로 하면, 다음 상태의 확률을 전이행렬을 이용하여 쉽게 구할 수 있다. 예를 들어 다음번에 듀스를 이룰 확률 p_3^1은 다음과 같다.

$$p_3^1=0\times p_1^0+0.4\times p_2^0+0\times p_3^0+0.6\times p_4^0+0\times p_5^0$$

일반적으로

$$p^n=Tp^{n-1}=T^np^0$$

을 얻는다.

4.5 세트의 점수

위와 같은 과정을 거쳐 한 게임이 끝나면 다른 사람이 서브를 하여 두 번째 게임을 한다. 그리하여 적어도 6게임을 하되 한쪽이 두 게임차를 벌이면 한 세트가 끝나게 된다. 이것을 다음 <그림 4.13>으로 나타내면 마코프 연쇄를 얻고, 여기에서 알 수 있듯이 11게임이나 12게임이 지나면 <그림 4.14>와 같은 상태에 이르게 된다.

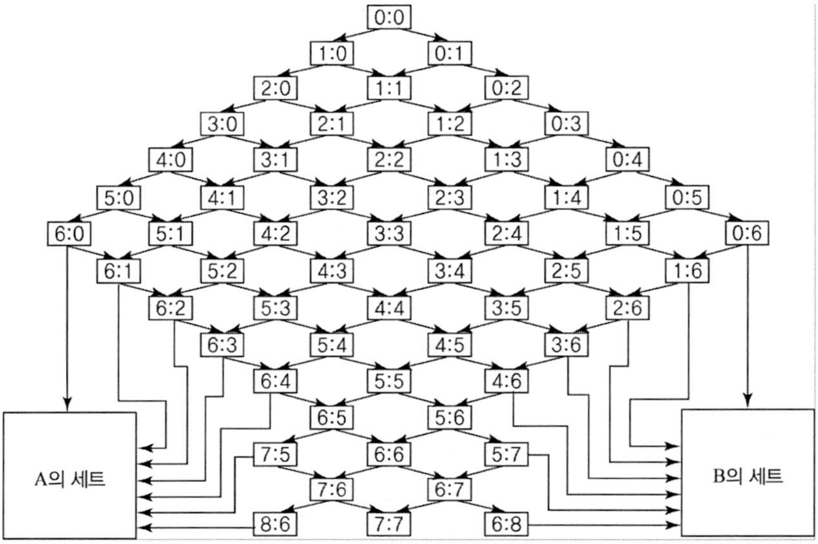

<그림 4.13 세트의 점수>

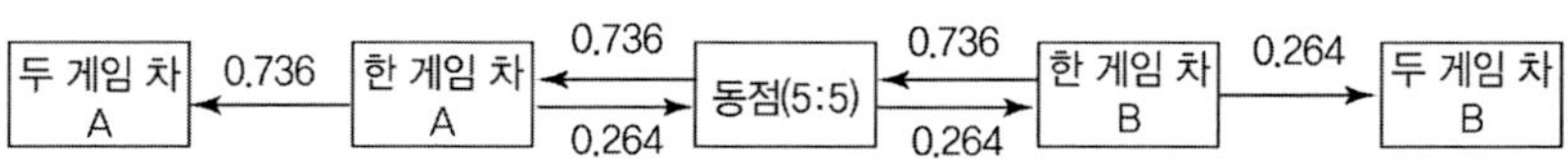

<그림 4.14 동점 후 경기의 변화>

<그림 4.14>에서 A와 B의 경기에서 A가 한 세트를 이길 확률 $P(A$의 세트)와 B가 한 세트를 이길 확률 $P(B$의 세트)는 각각

$$P(A\text{의 세트}) = 0.966, \qquad P(R\text{의 세트}) = 0.034$$

가 되므로, A가 이길 확률이 거의 1이다.

테니스 한 경기는 세 세트 아니면 다섯 세트로 구성되어 있으며, 세 세트로 구성된 경기인 경우 두 세트를 먼저 이기는 사람이 승자가 된다. A와 B의 경기에서 점수를 낼 확률이 6:4라면, A가 세 세트의 경기를 이길 확률은 0.996이며 다섯 세트의 경우에는 0.9996이나 된다. 따라서 이런 경우에는 이론적으로 굳이 다섯 세트의 경기를 할 이유가 없다.

만약 A와 B가 대등한 체력을 가지고 있고 A와 B가 점수를 얻을 확률이 각각 0.51, 0.49라고 하면, A와 B가 한 세트를 딸 확률은 각각 0.573, 0.427이 된다. 다시 말하면 한 점을 얻을 차이가 0.02 밖에 되지 않지만 한 세트를 이길 확률은 0.146으로 약 7배 정도 차이가 난다. 그럼에도 불구하고 10 게임을 할 때 승패가 6:4 정도이다. 이것은 이론과는 많이 다르다. <그림 4.15>를 보면, 각 선수가 한 세트를 이길 확률은 0.488이나 된다.

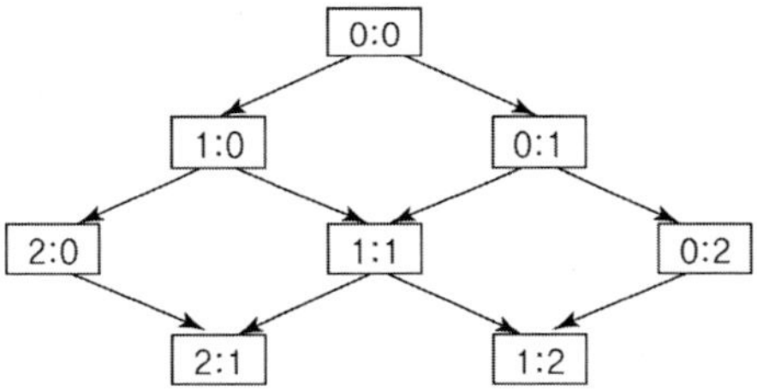

<그림 4.15 3 세트 경기>

한 세트를 이기려면 두 게임차를 벌려야 한다. 그러나 실력이 비등한 경우에는 많은 시간이 걸린다. 실제로 1976년 데이비스 컵(Davis Cup)에서 소련의 알렉산더 메트레벨리(Alexander Metreveli)는 5세트 경기에서 4시간이나 걸려 마누엘 오란테스(Manuel Orantes)를 이겼다. 1981년 프랑스 오픈 챔피언십(French Open Championship)에서 비욘 보그(Bjorn Borg)가 결승까지 올라오는데 14시간 8분 걸렸으며, 그의 결승 상대였던 이반 랜들(Ivan Lendal)은 17시간 21분이 걸렸다. 그들은 결승 5세트 경기에서 41 게임을 치루었다. 그나마 이것은 한 세트에서 게임 스코어가 6:6인 경우, 동점결승전(tiebreaker)을 두어 두 점을 먼저 따는 사람이 세트를 이기기로 한 경우이다.

동점결승전이 있는 경우 처음 사람이 서브를 한 개 넣고 그 다음부터는 두 개씩 번갈아 가며 서브를 한다. 만약 A가 한 포인트를 딴 다음 다시 한 포인트를 딸 확률이 0.5이고, 한 포인트를 진 다음 긴장하여

다음 포인트를 딸 확률이 0.7이라고 하면, 전이행렬은

$$T=\begin{pmatrix} 0.5 & 0.7 \\ 0.5 & 0.3 \end{pmatrix}$$

이 된다.

초기 확률벡터가 $(p_{1,}\ q_1)^t=(0.5,\ 0.5)^t$라고 하면, 그 다음 세 번째 포인트를 얻을 확률 p_2와 잃을 확률 q_2는

$$(p_2,\ q_2)^t=\begin{pmatrix} 0.5 & 0.7 \\ 0.5 & 0.3 \end{pmatrix}\begin{pmatrix} 0.5 \\ 0.5 \end{pmatrix}=\begin{pmatrix} 0.5^2+0.5\times0.7 \\ 0.5^2+0.5\times0.3 \end{pmatrix}$$

이다. 이와 같은 방법으로 계산하면

$$p^*=\lim_{n\to\infty}p_n=\frac{7}{12},\ q^*=\lim_{n\to\infty}q_n=\frac{5}{12}$$

을 얻는다. 따라서 동점결승전인 경우 다음 <그림 4.16>을 이용하여 확률을 구할 수 있다.

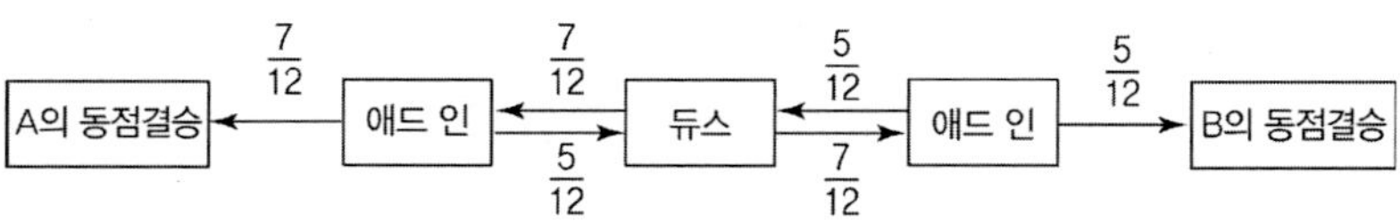

<그림 4.16 동점결승전>

이때의 전이 행렬은 다음과 같다.

$$\begin{pmatrix} 1 & \frac{7}{12} & 0 & 0 & 0 \\ 0 & 0 & \frac{7}{12} & 0 & 0 \\ 0 & \frac{5}{12} & 0 & \frac{7}{12} & 0 \\ 0 & 0 & \frac{5}{12} & 0 & 0 \\ 0 & 0 & 0 & \frac{5}{12} & 1 \end{pmatrix}$$

Technical Notes

1. 행렬

여러 개의 수 또는 문자를 직사각형 모양으로 배열하고 괄호로 묶어 놓은 것을 행렬이라 하며, 행렬을 이루고 있는 각각의 수 또는 문자를 그 행렬의 성분이라고 한다.

행렬 A에서 제i행과 제j열이 만나는 위치에 있는 성분을 A의 (i, j) 성분이라고 한다. 행렬 A의 (i, j) 성분을 a_{ij}로 나타내면 A가 2×3행렬일 경우 다음과 같이 나타낼 수 있다.

$$\begin{pmatrix} a_{11} & a_{12} & a_{13} \\ a_{21} & a_{22} & a_{23} \end{pmatrix}$$

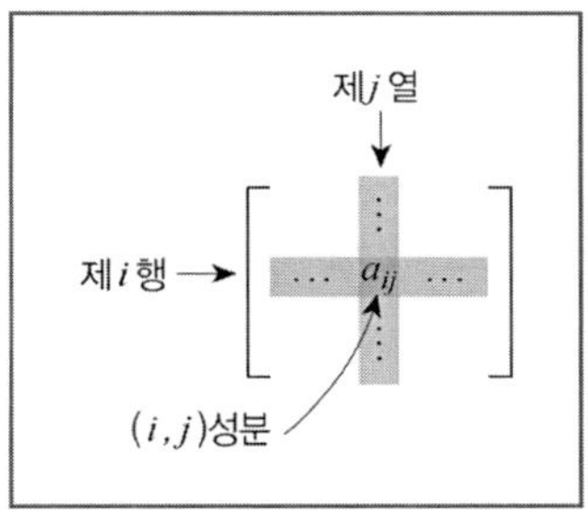

행렬 A가 $m\times n$행렬이고 행렬 B가 $n\times l$행렬일 때, 두 행렬 A와 B의 곱 AB는 $m\times l$행렬로서 AB의 (i, j)성분은 A의 제i행과 B의 제j열의 곱으로 정한다.

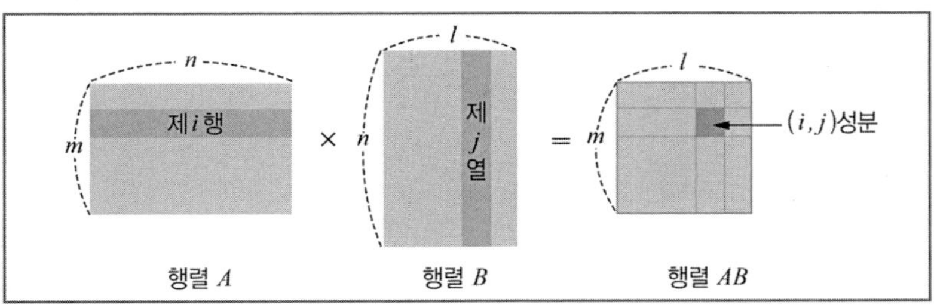

주의 행렬 A의 열의 개수와 행렬 B의 행의 개수가 같을 때에만 두 행렬의 곱 AB가 정의된다.

2. 마코프 연쇄

행렬 $A=(a_{ij})_{n\times n}$의 모든 열(column)의 합이 1, 즉 각 $j=1, 2, \cdots, n$에 대하여

$$\sum_{i=1}^{n} a_{ij}=1$$

인 행렬을 마코프 행렬(Markov matrix)이라고 한다.

마코프 행렬은 다음과 같은 성질을 가진다.

① A, B가 마코프 행렬이면, AB도 마코프 행렬이다. 특히 A^n은 마코프 행렬이다.

② A, B가 각각 임의의 i,j에 대하여 $|a_{ij}|\le 1, |b_{ij}|\le 1$인 마코프 행렬이면, $AB=(c_{ij})$도 $|c_{ij}|\le 1$인 마코프 행렬이다.

③ A가 임의의 i, j에 대하여 $|a_{ij}|\le 1$인 마코프 행렬이면 모든 특성값(eigenvalue, characteristic value)의 절댓값이 1보다 작거나 같다.

3. COR과 ACOR

떨어뜨린 공의 충돌 시 속도를 v_d, 충돌 후 튀어 오르는 공의 속도를 v_b라고 하면, 처음 순간 위치에너지와 운동에너지 사이의 관계

$$mgh=\frac{1}{2}mv^2$$

로부터

$$e=\frac{v_b}{v_d}=\frac{\sqrt{2gh_b}}{\sqrt{2gh_d}}=\sqrt{\frac{h_b}{h_d}}$$

를 얻는다.

테니스에서는 반발계수(COR)보다 표면반발계수(ACOR)을 더 많이 사용한다. 그 이유는 COR이 줄의 반동을 고려하지 않기 때문이다.

참고문헌

[1] 박형빈, **수학은 생활이다**, 경문사(2002)

[2] 정상권, 이재학, 박혜숙, 홍진곤, 박부성, 김정배, 김상훈, 김윤희, 우혜영, **고등학교 수학** 1, 금성출판사(2010)

[3] H. Brody, R. Cross, and C. Lindsey, *The physics and technology of tennis*, Racquet Tech Publishing(2002)

[4] S. Lang, *Linear algebra*, 3rd ed., Springer(1987)

[5] L. E. Sadovskii and A. L. Sadvoskii, *Mathematics and sports*, American Mathematical Society(1993)

[6] G. Strang, *Linear algebra and its applications*, 3rd ed., Brooks/Cole(1988)

제5장 피겨스케이트

5.1 더 아름답게

올림픽 종목에는 수영이나 마라톤처럼 시간 기록을 가지고 순위를 매기는 경기가 있는 반면, 장대높이뛰기와 원반던지기처럼 얼마나 높이 뛰었느냐, 또는 멀리 던졌느냐의 거리 기록으로 순위를 정하거나, 축구나 야구와 같이 승패를 정하는 경기가 있다. 이런 이유로 올림픽의 모토를 '더 빨리, 더 높이, 더 힘차게'로 정했는지 모르겠다. 그러나 요즈음의 올림픽 종목에는 피겨 스케이트나 리듬체조, 다이빙과 같이 아름다움에 대한 요소가 순위를 결정하는 데 작용한다. 그런 의미에서 올림픽의 모토에 '더 아름답게'를 추가해야할지 모르겠다.

<그림 5.1 손연재의 리듬체조>

[출처 : flickr.com]

리듬체조나 피겨 스케이트, 다이빙의 순위는 전문가 집단인 심판들에 의하여 결정된다. 이 전문가들은 난이도뿐만 아니라 수행의 정확도, 조화, 아름다움에 대하여 평가를 하는데, 이러한 기준은 어느 정도의 통일된 관점도 있지만 전적으로 전문가의 취향에 따라 달라질 수 있다. 그런데 사람들은 이런 순위 결정에 대하여 그저 전통으로 이해할 뿐 왜 이렇게 순위를 결정하느냐에 질문을 하지 않는다. 단지 어떻게 심판들이 그런 결정을 하게 되었느냐에 관심이 있을 뿐이다.

전문가에 의한 평가는 어떤 결론에 도달하기 위하여 한 그룹의 결정권자가 다른 전문가 그룹의 의견을 모으는 과정을 말하는데, 대부분의 경우는 이들 두 그룹의 구성원이 일치한다. 따라서 의사결정은 각 개인의 의견에 기반을 두게 된다. 이런 좋은 본보기가 피겨 스케이팅인데, 9명의 전문가(심판)의 개인적인 의견을 종합하여 최종 결정에 이르게 된다. 그러므로 공정한 판단을 위해서는 한 개인의 의견이 지나치게 비중있게 반영되지 않도록 평가 과정을 설계하여야 한다. 이렇게 하는 몇 가지 방법은 다음과 같이

① 질적인 항목들을 점수로 나타내는 방법

② 평가 대상을 순서로 나열하는 방법

③ 어떤 기준에 의거하여 심사 대상을 등급으로 나누는 방법

④ 둘씩 짝지어서 더 나은 팀이나 선수를 정하는 방법

등이 있다.

물론 위의 네 가지 정보는 특별한 문제를 다룰 때 심판들에게 기본적인 정보가 된다. 전문가의 판단이 점수에 의한 것이든 등위에 의한 것이든, 좀 더 일반적인 용어로는 관계라고 볼 수 있다. 따라서 결정권자는 전문가들에 의해 제기된 관계의 대푯값을 구하여 판단하여야 한다.

5.2 심판과 순위

이제 관계의 대푯값을 구하는 방법과 이것이 순위를 결정하는데 어떻게 활용되는지 알아보자. 예를 들어 n명의 선수가 N명의 심판에 의해 평가된다고 하면, 각 심판은 평가 결과 순위를 벡터로 나타내야 한다. 물론 n개의 항목에 대해 순위를 매겨야 하므로, 순위를 매기는 방법은

$$n! = n \times (n-1) \times (n-2) \times \cdots \times 3 \times 2 \times 1$$

가지나 생길 수 있다.

이제 i번째 심판이 매긴 순위를

$$r_i = (r_{i1}, r_{i2}, \cdots, r_{in}),\ 1 \le i \le N$$

와 같이 나타내자. 예를 들면, 네 선수 A, B, C, D의 순위를 두 심판이 각각

$$r_1 = (3, 1, 2, 4),\ r_2 = (2, 1, 3, 4)$$

와 같이 나타냈다면, 심판1은 A, B, C, D 선수의 순위를 C, A, B, D의 순으로, 심판2는 B, A, C, D의 순으로 매겼다는 뜻이다.

기록경기와는 달리 이와 같이 정성적인 내용을 평가하는 경우에는 두 심판에 의해 다르게 평가될 수 있다. 그렇다면 결정권자는 이 둘의 정보를 어떻게 이용하여 A, B, C, D의 최종순위를 매겨야 하는가가 문제이다.

이처럼 결정권자는 순위를 매기기 위하여 대푯값을 어떻게 택하여야 하는가에 부딪치게 되는데, 여기에는 수학에서 자주 사용하는 다음과 같은 거리(distance, metric) 개념

(d1) $d(r_i, r_j) \ge 0$. $d(r_i, r_j) = 0$일 필요충분조건은 $r_i = r_j$이다.

(d2) (대칭) $d(r_i, r_j) = d(r_j, r_i)$

(d3) (삼각부등식) $d(r_i, r_j) \le d(r_i, r_k) + d(r_k, r_j)$

와 더불어, 다음의 세 가지 조건을 만족하는 순위 개념이 사용된다.

(d4) r_i', r_j'가 각각 r_i, r_j로부터 얻은 순위이면 이들의 결과는 같다. 즉

$$d(r_i', r_j') = d(r_i, r_j)$$

(d5) 순위 사이의 거리는 최소 1이다.

(d6) 순위 r_k가 순위 r_i, r_j 사이에 있으면

$$d(r_i, r_j) = d(r_i, r_k) + d(r_k, r_j)$$

가 성립한다.

위의 여섯 가지 조건 (d1) ~ (d6)을 만족하는 거리는 오직 하나 밖에 없으며, 그 거리는

$$d(r_i,\ r_j) = \frac{1}{2}\sum_{m=1}^{n} |r_{im} - r_{jm}|$$

이다. 예를 들어 $r_1 = (3,\ 1,\ 2,\ 4)$, $r_2 = (2,\ 1,\ 3,\ 4)$인 경우 이들 사이의 거리는

$$d(r_1,\ r_2) = \frac{1}{2}(|3-2| + |1-1| + |2-3| + |4-4|) = 1$$

이 된다. 좀 더 일반적으로 케미니(Kemini) 중앙값을 이용하여 순위를 정하는 방법도 있다.

위의 거리 개념을 가지고 선수들의 순위를 매기는 방법과 다른 몇 가지 방법으로 다음과 같은 것들이 있다.

❶ 다수의 원리

다수의 원리는 말 그대로 많은 심판이 결정한 것을 바탕으로 최종 순위를 결정하는 것인데, 이 다수의 원리는 꽁도르세(Jean Antoine Condorcet; 1743－1794)와 보르다(Jean Charles Borda; 1733－1799)에 의해 제안되었다. 예를 들어 4명의 선수에 대해 3명의 심판이

$$r_1 = (1,\ 2,\ 3,\ 4),\ r_2 = (1,\ 2,\ 4,\ 3),\ r_3 = (1,\ 2,\ 4,\ 3)$$

와 같이 순위를 매겼다면, 세 심판이 1번 선수와 2번 선수를 1등과 2등으로 평가하였으므로 최종 1등과 2등은 각각 1번, 2번 선수가 된다. 또

3등에 대해서는 두 심판이 4번 선수를 지명하였으므로, 3등은 4번 선수가 되고 4등은 3번 선수가 된다. 따라서 최종순위는

$$r = (1,\ 2,\ 4,\ 3)$$

이 된다.

❷ 꽁도르세가 수정한 다수의 원리

다수의 원리는 꽁도르세 자신이 제안했지만 불합리한 약점이 노출되었다. 예를 들어 5명의 선수를 5명의 심판이

$$r_1 = (2,\ 1,\ 3,\ 4,\ 5),\ r_2 = (2,\ 1,\ 3,\ 4,\ 5),\ r_3 = (1,\ 3,\ 4,\ 5,\ 2),$$
$$r_4 = (3,\ 1,\ 4,\ 5,\ 2),\ r_5 = (4,\ 1,\ 3,\ 5,\ 2)$$

와 같이 평가했다면, 2번 선수가 1등으로 가장 많은 2번 지명되었으므로 최종순위 1등은 2번 선수가 된다. 또한 2번 선수는 5등으로 가장 많은 3번 지명되었으므로 최종순위 5등이 되어야 한다. 따라서 다수의 원리에 의하면 2번 선수가 2등으로 하여야 할지 5등으로 하여야 할지 분명하게 결정할 수 없는 결점이 있다. 이와 같은 약점을 보완하기 위하여 꽁도르세 자신은 다음과 같이 순위 결정 방법을 수정하여 제시하였다.

각 심판이 선수 i, j의 평가 순위를 매긴 것을 a_i, a_j라 할 때,

$$S_{ij} = a_i\text{가 } a_j\text{보다 낫다고 평가한 심판의 수}$$

라고 하자. 이때 $S_{ij} > S_{ji}$란 의미는 a_i가 a_j보다 낫다고 평가한 심판이 많다는 뜻이다. 이것을 $a_i > a_j$의 순서로 나타내기로 하자. 물론 a_i가 가장 좋은 선수라는 것은

$$S_{ij} > S_{ji}, \quad j \neq i$$

인 경우이다.

그런데 이 경우에도 문제가 생긴다. 예를 들어 3명의 선수를 3명의 심판이

$$r_1 = (a_1, a_2, a_3),\ \ r_2 = (a_3, a_1, a_2),\ \ r_3 = (a_2, a_3, a_1)$$

와 같이 평가했다고 하자. 이때

a_1이 a_2보다 좋은 순위를 받은 횟수는 2이므로 $S_{12} = 2$
a_2가 a_1보다 좋은 순위를 받은 횟수는 1이므로 $S_{21} = 1$
a_2가 a_3보다 좋은 순위를 받은 횟수는 2이므로 $S_{23} = 2$
a_3가 a_2보다 좋은 순위를 받은 횟수는 1이므로 $S_{32} = 1$
a_1이 a_3보다 좋은 순위를 받은 횟수는 1이므로 $S_{13} = 1$
a_3가 a_1보다 좋은 순위를 받은 횟수는 1이므로 $S_{31} = 2$

이다. 따라서

$$a_1 > a_2, \quad a_2 > a_3, \quad a_3 > a_1$$

이 성립한다. 그러나 이 경우에는 순서의 전이법칙(law of transitivity)이 성립하지 않아 모순이 생긴다.

❸ 보르다가 수정한 다수의 원리

꽁도르세가 수정한 다수의 원리가 모순이 있다는 것을 안 보르다는 각 심판의 평가에 가중치(weight)를 두어 최종순위를 결정하도록 다수의 원리를 다음과 같이 수정 제안하였다. 즉, n명의 선수가 있는 경우 i번 선수가 1등을 받은 경우에는 $(n-1)$점, 2등인 경우에는 $(n-2)$점, ..., n 등인 경우에는 0점을 부여하여 합한 값 S_i를 가지고 최종순위를 결정하는 방법이다.

예를 들어 5명의 선수를 5명의 심판이 다음과 같이 평가하였다고 하자.

$$r_1 = (2,\ 1,\ 3,\ 4,\ 5),\ \ r_2 = (2,\ 1,\ 3,\ 4,\ 5),\ \ r_3 = (1,\ 3,\ 4,\ 5,\ 2),$$
$$r_4 = (3,\ 1,\ 4,\ 5,\ 2),\ \ r_5 = (4,\ 1,\ 3,\ 5,\ 2)$$

이 경우에는

$$S_1 = 3+3+4+3+3 = 16$$
$$S_2 = 4+4+0+0+0 = 8$$
$$S_3 = 2+2+3+4+2 = 13$$
$$S_4 = 1+1+2+2+4 = 10$$
$$S_5 = 0+0+1+1+1 = 3$$

이다. 따라서 최종순위는 1, 3, 4, 2, 5번 선수의 순이다.

5.3 피겨스케이트의 종류

피겨스케이팅은 개인(single), 2인조(duo), 그룹(group) 경기로 나뉘는데, 이것은 1908년 올림픽에서 정식종목으로 채택되었다. 올림픽 종목은 남자 개인, 여자 개인, 페어 스케이팅과 아이스 댄싱이며, 올림픽 정식 종목이 아닌 것으로는 싱크로나이즈드 스케이팅(synchronized skating)과 4-스케이팅(four skating)이 있다. 종목에 따라 다르기는 하지만, 일반적으로 두 가지 프로그램(short와 long)을 수행하는데, 회전(spin), 점프(jump), 턴(turn), 들어올리기(lift), 나선돌기(spiral) 등 다양한 기술이 사용된다.

<그림 5.2 김연아의 피겨스케이팅>

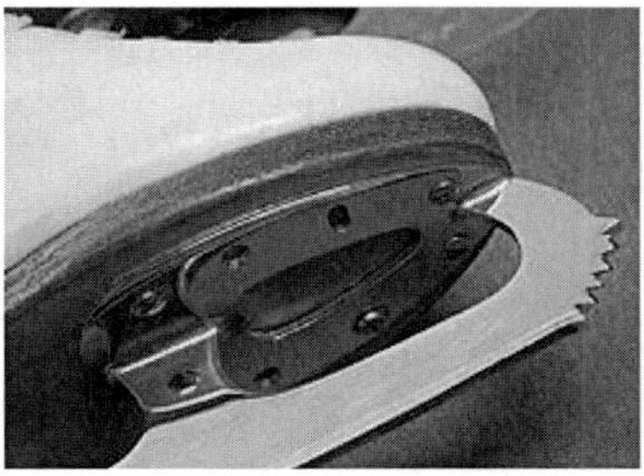

<그림 5.3 피겨스케이트의 토우피크>

[출처 : wikipedia]

피겨스케이트 날은 약 $\frac{3}{16}$인치(4.7mm) 정도이며 날은 곧지 않고 곡률 반지름이 180~220cm 정도로 살짝 곡선 형태이다. 앞날의 앞쪽(toe pick)에는 톱니처럼 파여 있는데, 이를 이용하여 점프를 하게 된다. 그런데 만약 회전을 하는데 이 토우 피크를 사용하면 모멘트를 잃거나 회전 중심에서 멀어져 버린다. 또 스케이트 날의 가운데쯤에 발의 움푹 들어간 부분 밑에는 스윗 스폿(sweet spot)이라는 곳이 있는데, 이곳을 이용하여 스핀을 하게 된다.

한편 피겨스케이트 날의 안쪽과 바깥쪽을 구분하기 위하여 스케이트 날의 중앙에 홈이 파여져 있는데, 선수들은 한쪽에만 날을 갈 수 있다. 그렇지 않으면 평평한 것으로 간주한다. 물론 날을 평평하게 스케이팅을 하면 낮은 점수를 받게 된다.

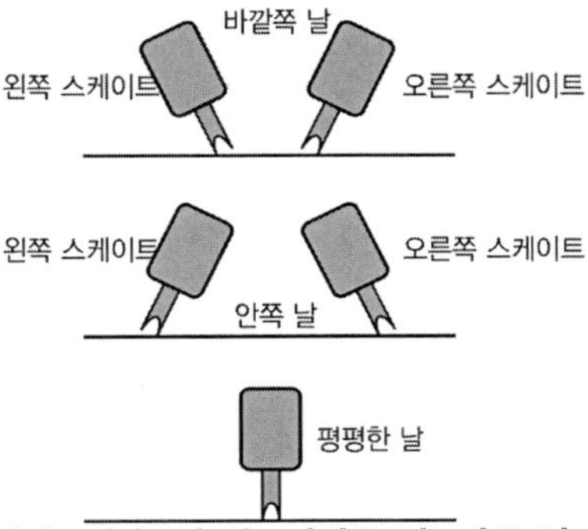

<그림 5.4 피겨스케이트의 날 : 바깥쪽 날, 안쪽 날, 평평한 날>

피겨스케이트 경기에는 여러 등급이 있으나, 국제빙상연맹(ISU, International Skating Union)이 국제 피겨스케이팅의 심판과 경기를 관장한다. 이 중에는 동계 올림픽, 월드 참피온십, 월드 주니어 참피온십, 4 대륙 참피온십, 그랑프리 시리즈가 포함된다. 올림픽 피겨스케이트 경기장의 규격은 30m×60m이지만, 유럽의 경기장은 30m × 64m 인 경우도 가끔 있다. 경기장 얼음의 질은 연도(smoothness), 마찰(friction), 경도(hardness)와 눈부심(brittleness)으로 판단하는데, 이들에 영향을 주는 요소는 온도, 물의 질, 경기장 얼음판의 사용 정도 등이다. 그런데 경기장의 질이 선수들의 경기에 영향을 주므로, 두 그룹의 경기가 끝나면 얼음을 재정비한다.

5.4 피겨스케이트 구성

피겨스케이팅에는 개인, 2인조, 그룹 경기의 여러 경기가 있으며, 개인경기는 누구나 연출해야 하는 숏 프로그램, 자유형 프로그램으로 구성되어 있다.

숏 프로그램에는 점프, 회전, 발동작 연결(step sequence), 나선돌기 등의 요소로 구성되어 있다. 각 요소는 기본점수와 수행정도(GOE, grade of execution)에 따라 점수가 부여되고, 이들 요소들의 점수를 종합하여 기술점수(TES, technical element score)가 부여된다. 요소는 난이도에 따라 B(기본)레벨부터 레벨 4(최고난도)까지 구분되며, 심판은 선수의 요소 수행정도에 따라 +3점부터 −3점까지 부여하고, GOE는 요소의 기본평가 점수에 따라 가중치가 부여된다. 요즈음 프로그램을 수행할 수 있는 시간은 여자선수에게는 3분 30초, 남자선수에게는 4분이 주어진다.

점프는 스케이트의 도약과 착지와 회전수에 따라 여러 가지로 분류하는데, 크게 토우를 사용하는 토우 점프(toe loop, flip, lutz)와 토우를 사용하지 않고 스케이트 날만을 이용하는 에지 점프(salchow, loop, axel)가 있다. 1982년에 ISU는 트리플 점프를 단 한번만 수행하도록 규정하고 있는데, 두 번 중 하나가 콤비네이션이나 시퀀스와 연계되어 있지 않은 경우에는 두 번 할 수 있도록 하였다. 여기서 콤비네이션은 일련의 점프의 연속인데, 각 점프는 전 점프의 착지 에지를 이용하여 도약하여야 하고 점프와 점프 사이에 스텝이나 돌기 또는 날을 바꾸지 않는 동작을 말한다. 각 점프는 완성도, 기술, 높이, 속력, 흐름과 링크의 활용도에 따라 평가되며 기본점수와 GOE에 따라 점수가 부여된다.

피겨스케이팅에서 회전도 필수요소이며, 회전에는 낙타 자세 회전(camel spin), 앉은 자세 회전(sit spin), 선 자세 회전(upright spin)과 여러 변형들이 있다. 우수한 선수는 1초에 6회전을 하고 한번 스핀에서 70번 정도를 돈다고 한다.

낙타 자세　　앉은 자세 회전　　선 자세 회전

<그림 5.5 회전>

[출처 : en.wikipedia.org, wikimedia.org]

스텝 연결도 프로그램 구성의 필수요소이며, 그 모양은 직선, 원형, 뱀같이 구불구불한 모양(serpentine)이 있으며, 턴, 스텝, 깡총 뛰기(hop), 에지 바꾸기(edge change)의 콤비네이션으로 구성된다.

다음은 여러 가지 턴 동작이다.

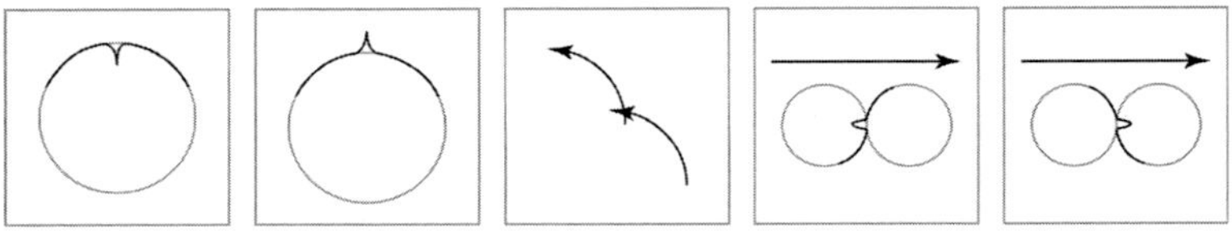

3자 돌기 괄호 돌기 모호크 락커 카운터

<그림 5.6 피겨스케이트에서의 돌기 동작 : 3자 돌기(three turn), 괄호 } 돌기(bracket turn), 두 발로 3자나 괄호를 만드는 모호크(Mohawk), 방향과 로브를 바꾸며 한 발로 도는 락커(rocker), 방향과 로브를 바꾸며 한 발로 도는 카운터(counter)>

빙판에서의 움직임 동작은 스케이팅의 기본 동작과 에지 컨트롤을 강조하여 평가하는데, 여기에는 나선돌기, 독수리 날개 펴기(spread eagle), 끄는 앞다리는 구부리고 안쪽이나 바깥날로 돌고 끌리는 뒷다리는 펴서 안쪽 날로 두 날은 평행하게 도는 이나 바우어스(Ina Bauers), 몸을 빙판과 거의 평행하도록 낮게 펴서 깊은 에지로 가는 하이드로 블레이딩(hydroblading) 등이 포함된다. 나선돌기 연결은 프로그램의 필수 요소이다. 여기서 나선돌기는 한쪽 다리를 엉덩이(hip)의 높이나 그 이상 들고 하는 동작으로, 심판은 깊이, 안정성, 스케이팅 에지 컨트롤 능력, 속력, 공간 활용도, 펼친 정도 등을 바탕으로 평가한다. 나선돌기 중에 날을 바꿀 수는 있으나 평평한 날로 타는 나선돌기는 진정한 나선돌기로 보지 않는다.

자유형 스케이팅 프로그램은 선수 개인이 선택한 음악에 따라 점프, 회전, 나선돌기, 발동작 연결 등을 자유롭게 배열할 수 있으므로, 선수는 자신의 능력, 예술성, 음악과의 호흡과 자신의 개성을 잘 드러내도록 하여야 한다. 프로그램을 수행할 수 있는 시간은 여자선수에게는 4분, 남자선수에게는 4분 30초가 주어지며, 템포의 완급과 요소를 구성하되 전체적으로 조화를 이루어야 한다. 이와 같이 자유형 스케이팅 선수에게 많은 자율권을 준 반면 심판의 점수부여는 매우 엄격하게 통제된다.

자유형 스케이팅 프로그램도 기술부문(technical merit)과 예술적 영감(artistic impression)의 두 부문으로 심사한다. 기술부문은 프로그램의 난이도와 수행의 정확성(accuracy), 자신감(sureness)에 대하여 평가하고, 예술적 영감성은 독창성(originality), 프로그램의 조화로운 구성과 예술성, 빙판의 활용도 등을 평가한다. 사실 이들이 다른 것 같지만 넓은 의미에서 보면 서로 연관되어 있다. 예를 들어 예술성에서 높은 점수를 얻고자 쉬운 난이도의 프로그램을 수행할 수도 있으나, 이 경우 기술부문에서는 높은 점수를 기대할 수 없을 것이다. 이들 두 부문이 모두 6점씩이므로, 선수는 프로그램을 자신에 맞게 잘 구성하여야 한다.

자유형 스케이팅 프로그램에서 심판은 하나의 잣대로 얼마나 빨리 스케이팅을 하는지, 얼마나 높이 점프하는지, 얼마나 오랫동안 도는지를 기계적으로 재지는 않는다. 따라서 편견이 없이 좋은 느낌으로 평가한 경험이 있는 심판의 역할이 중요하다.

5.5 피겨스케이팅 평가

피겨스케이트의 초창기에는 기술점수(자유형 프로그램), 규정종목(숏 프로그램)과 표현(숏과 자유형 프로그램)에 대하여 평가하였으며, 각 프로그램에 대해 0.0부터 6.0까지 점수가 부여되었다. 이 점수는 각 심판의 선호도에 따라 순위를 매겨, 이것을 종합하는 형식으로 최종 순위를 결정하는 방식이었다. 물론 자유형 프로그램의 점수 비중을 숏 프로그램보다 높게 책정하였다.

그러나 2002년 동계올림픽에서 심판 판정 시비가 일면서, ISU는 2004년 새로운 국제 심판 시스템(IJS; International Judging System)을 채택하고 이것을 2006년 동계올림픽부터 의무적으로 사용하게 하였다.

이 시스템에 의하면, 스케이팅의 각 요소마다 점수가 부여되고 이들을 합하여 종합요소점수(TES, total element score)가 결정된다.

경쟁프로그램은 몇 개의 요소가 주어지고, 각 요소는 먼저 비디오 판독으로 특별한 요소의 정확성을 판별할 수 있는 전문기술요원에 의해 기본점수가 주어진다. 또 12명의 심판 각자가 요소의 기본기와 수행정도에 대해 점수를 부여하는데, 이 점수를 수행정도(GOE)라고 부른다. GOE는 −3점부터 3점까지 부여되며, 이 12개의 GOE 점수는 컴퓨터의 임의 추출에 의해 9개가 추출되고 이중에서 가장 높은 점수와 낮은 점수를 버린 7개의 평균 점수를 계산한다. 이 평균점수와 기본점수의 합이 선수의 종합 요소 점수가 된다.

TES에 반영되지 않은 평가요소는 전체 프로그램 구성에 따라 프로그램 구성점수(PCS; program components score)에 반영된다. 프로그램구성에는

① 에지와 턴의 사용기술, 빙판 위의 흐름, 속력과 가속도, 빙판의 점유율, 곡선의 깔끔함, 다양한 방향의 스케이팅, 한발 스케이팅의 숙련도 등을 평가하는 스케이팅 기술(SS)
② 전이(TR; transition)
③ 수행(PE; performance/execution)
④ 안무(CH; choregraphy)
⑤ 표현(IN; interpretation)

이 있다.

각 구성요소의 자세한 사항은 ISU에 의해 주어지는데, 심판은 각 구성요소에 의해 0점부터 10점까지 5점을 평균으로 보고 0.25점의 단위로 평가한다. 각 개별 구성요소에 원점수를 수행정도(GOE)와 같은 방식으로 선택하고 버린 다음 평균을 구한 값에 자세(discipline), 경쟁요소(competition segment), 수준(level)을 고려한 가중치를 곱하여 최종 PCS값을 결정한다. 물론 TES와 GOE의 합이 선수의 최종 종합점수이다.

이 최종 종합점수에 의하여 등위가 결정된다. 따라서 더 이상 순위에 의해 등위가 결정되지 않는다.

5.6 피겨 선수의 등위결정

ISU에서 채택한 현재 방법과는 다르지만 채점 방식이 개정되기 전까지 사용되었던 종목별 등위를 매기는 방법에 대해 다시 생각해보기로 하자. 이 방법은 다른 종목의 경기에서 순위를 결정하는 방법으로도 활용될 수 있다.

[방법 1]

예를 들어 아홉 명의 심판이 순위를 매겨 종목별 등위를 결정하는 방법에 대하여 알아보자. 만약 두 선수 A, B가 아홉 명의 심판으로부터 각각

$$A: 1-1-2-2-1-1-1-1-1$$
$$B: 2-2-1-1-2-2-2-2-2$$

의 순위를 받았다고 하자. 즉 A는 7명으로부터 1등, 2명으로부터 2등의 순위를 받고, B는 2명으로부터 1등, 7명으로부터 2등을 받았다면, A가 최종순위 1등이 되는 것이 합리적일 것이다. 이와 같이, 최종순위를 심판의 투표에서 다수표에 의하여 등위를 결정하는 것이 일반적이다.

그런데 만약

$$C: 3-3-4-4-3-3-4-2-4$$
$$D: 4-4-3-3-4-4-3-4-3$$

의 순위를 얻었다면, 사실 C는 최종순위 2등이 될 가능성은 없다. 따라서 C선수의 2위 평점을 3위로 바꾸면 C의 순위는 다음과 같이 된다.

$$C: 3-3-4-4-3-3-4-3-4$$

즉, C는 5명의 심판으로부터 3위, 4명의 심판으로부터 4위를 받았고, D는 4명의 심판으로부터 3위, 5명의 심판으로부터 4위를 받았으므로, 종합순위는 C가 3등, D가 4등이 된다.

이와 같이 심판진의 과반수 순위로 결정된 최종 등위를 결정등위(DP; deciding place)라고 하고, k등 또는 k등보다 더 높은 순위로 판정한 심판의 수가 가장 많은 선수의 등위를 k등이라고 한다.

예를 들어 7명의 심판이 두 선수 E, F에 대하여 각각

$$E : 2-1-1-3-2-1-1$$
$$F : 1-4-3-2-1-4-3$$

같이 순위를 매겼다고 하자. 그러면 E는 4명의 심판으로부터 1등을 받았으므로 결정등위가 1등이고, F는 적어도 5명의 심판으로부터 3등 또는 이보다 좋은 순위를 받았으므로 F는 적어도 3등을 확보하고 있다.

[방법 2]

그런데 결정등위(DP)가 같은 경우에는 어떻게 최종등위를 결정하여야 할까? 이런 경우에는 결정등위를 준 심판의 수(NDP; number of deciding places)를 가지고 등위를 정하면 될 것이다.

예를 들어 두 선수 A, B가 5명의 심판으로부터

$$A : 1-2-3-3-4,$$
$$B : 2-1-4-4-3$$

와 같은 평점을 받았다면, A, B는 모두 심판진의 과반수로부터 3등 이상을 받았으므로 이들의 결정등위는 모두 3등이다. 즉

$$A\text{의 DP} = 3,\ \ B\text{의 DP} = 3$$

이다. 그런데 A는 4명으로부터 3등 이상을 받았고, B는 3명으로부터 3등 이상을 받았으므로 각각의 NDP는 다음과 같다.

$$A\text{의 NDP} = 4,\ \ B\text{의 NDP} = 3$$

따라서 A가 3등, B가 4등이 되는 것이 합리적이다.

[방법 3]

방법 1, 2에서와 같이 등위가 심판의 수에 의하여 결정되지 않는 경우, DP까지의 심판의 순위의 합(SDP, sum of deciding places)으로 종합순위를 결정하는 방법이 있다. 즉 DP, NDP가 각각 같은 경우에는 SDP에 의하여 순위를 결정한다.

예를 들어 두 선수 A, B가 5명의 심판으로부터

$A: 1-2-3-3-4$

$B: 1-1-3-3-5$

의 평가를 받았다고 하면,

A의 $\mathrm{DP}=3$, B의 $\mathrm{DP}=3$, A의 $\mathrm{NDP}=4$, B의 $\mathrm{NDP}=4$

이다. 그런데

A의 $\mathrm{SDP}=1+2+3+3=9$

B의 $\mathrm{SDP}=1+1+3+3=8$

이므로, B가 3등이 되고 A는 4등이 된다.

만약 DP, NDP도 같고 SDP까지도 같으면 순위의 합(SP, sum of places)을 계산하여 SP가 작은 순서로 결정하는 것이다.

예를 들어 두 선수 A, B가 5명의 심판으로부터

$A: 1-1-2-2-3$,

$B: 2-2-1-1-4$

의 평가를 받았다고 하면, 각각의 DP, NDP, SDP는 다음과 같다.

A의 $\mathrm{DP}=2$, B의 $\mathrm{DP}=2$

A의 $\mathrm{NDP}=4$, B의 $\mathrm{NDP}=4$

A의 $\mathrm{SDP}=6$, B의 $\mathrm{SDP}=6$

이다. 그런데

$$A\text{의 SP} = 1 + 1 + 2 + 2 + 3 = 9$$
$$B\text{의 SP} = 2 + 2 + 1 + 1 + 4 = 10$$

이므로, A가 2등이고 B가 3등이 된다.

[방법 4]

방법 1~3을 이용하여 규정종목, 숏 프로그램, 자유형 프로그램의 종목별 순위를 결정한 다음, ISU는 규정종목에 0.6, 숏 프로그램에 0.4, 자유형 프로그램에 1의 비중을 두고 등위의 점수를 계산하여 점수가 낮은 순으로 최종종합성적을 매기었다. 예를 들어 세 선수 A, B, C가 각 종목별로 다음과 같은 등수를 얻었다고 하자.

	규정종목	숏 프로그램	자유형 프로그램
A	1	3	3
B	2	2	1
C	3	1	2

이때 세 선수 A, B, C의 순위 점수는

$$A : 1 \times 0.6 + 3 \times 0.4 + 3 \times 1.0 = 4.8$$
$$B : 2 \times 0.6 + 2 \times 0.4 + 1 \times 1.0 = 3.0$$
$$C : 3 \times 0.6 + 1 \times 0.4 + 2 \times 1.0 = 4.2$$

이다. 따라서 B선수가 종합순위 1등, C가 2등, A가 3등이 된다.

Technical Notes

1. 벡터

물리에서 벡터라 함은 크기와 방향을 가진 양을 말한다. 수학에서도 벡터는 크기와 방향을 가지는데, 수학에서는 이들을 좀 더 일반화할 수 있다. 집합 V가 다음과 같은 성질을 가질 때, V를 벡터공간이라고 하며 V의 원소를 벡터라고 부른다.

(v1) 임의의 $x, y \in V$에 대하여 $x+y \in V$
(v2) 임의의 스칼라 c에 대하여 $cx \in V$
(v3) $x+y=y+x$
(v4) $x+(y+z)=(x+y)+z$
(v5) 임의의 $x \in V$에 대하여 $x+0=x$인 $0 \in V$가 존재
(v6) 각 $x \in V$에 대하여 $x+(-x)=0$인 $-x \in V$가 존재
(v7) $c(x+y)=cx+cy$
(v8) $c(dx)=(cd)x$
(v9) $1(x)=x$

예를 들어, 실수 전체의 집합 R, 평면 위에 있는 모든 점들의 집합 R^2, 공간 위에 있는 모든 점들의 집합 R^3은 모두 벡터공간을 이룬다.

2. 거리

집합 X에 대하여 함수 $d: X \times X \rightarrow R$가 다음 조건을 만족할 때, d를 거리라고 부른다.

(d1) 임의의 $x, y \in X$에 대하여 $d(x, y) \geq 0$, $d(x, y)=0 \Leftrightarrow x=y$
(d2) $d(x, y)=d(y, x)$

(d3) 임의의 $z \in X$에 대하여 $d(x,\ y) \leq d(x,\ z) + d(z,\ y)$

예를 들어, 벡터공간 R^3에서 벡터 $x = (x_1,\ x_2,\ x_3)$의 크기(norm)를 유클리드 노옴

$$\|x\| = \sqrt{x_1^2 + x_2^2 + x_3^2}$$

으로 정할 때, $d(x,\ y) = \|x - y\|$는 두 벡터 $x,\ y$ 사이의 거리가 된다.

3. 케미니 중앙값

주어진 순위 $r_1, r_2, \cdots, r_n$과 모든 가능한 $n!$개의 순위의 거리의 합의 최솟값이 되는 순위 $\tilde{r}$을 케미니(Kemini) 중앙값(median)이라고 한다. 즉

$$\sum_{k=1}^{N} d(\tilde{r},\ r_k) = \min_{r \in R} \sum_{k=1}^{n} d(r_k,\ r)$$

이다. 여기서 R은 $n!$개의 순위의 집합이다. 실제로 케미니(Kemini) 중앙값을 찾는 것은 매우 복잡하다.

4. 순서구조

집합 X 위에 주어진 관계 $<$이 순서관계란 $<$이 다음의 조건을 만족할 때이다.

(o1) (삼일률) $x, y \in X$에 대하여 다음

$$x < y, \quad x = y, \quad y < x$$

중 오직 한 가지만 성립한다.

(o2) (전이법칙) $x,\ y,\ z \in X$에 대하여

$$x < y,\ y < z \text{이면 } x < z$$

가 성립한다.

학교수학에서 다루는 자연수, 정수, 유리수, 실수의 집합은 각각 순서를 가지고 있는 집합이다.

5. 얼음 위의 스포츠

동계 올림픽은 1924년 프랑스의 샤모니(Chamonix)에서 처음 시작하였으며, 피겨스케이트는 1924년 초창기부터 올림픽 종목으로 채택되었다. 피겨스케이트 이외에도 얼음 위에서 열리는 올림픽 종목에는 봅슬레드(bobsled; 1924∼), 루지(luge; 1964∼), 스켈톤(skeleton; 2002∼), 스피드 스케이팅(long-track speed skating; 남자 1924∼, 여자 1960∼), 숏트랙(short-track speed skating; 1992∼), 아이스하키(ice hockey; 남자 1924∼, 여자 1998∼), 컬링(curling; 1998∼)이 있다.

얼음의 강도는 종목마다 다르다. 하키 경기장의 얼음은 딱딱하여 보통 −4℃이고, 피겨스케이트 장은 좀 더 연하며 −3℃가 적당하다. 그러나 얼음의 질을 유지하는 것은 공기의 온도, 링크 내의 습도 등이 관중과 문의 개폐 등에 영향을 받음으로, 같은 정도로 균일한 빙질을 유지하기가 매우 어렵다.

6. 피겨스케이팅

개인경기는 누구나 연출해야 하는 규정종목(compulsary exercise, school figure)과 숏 프로그램, 자유형 프로그램으로 구성되어 있었다. 규정종목은 스케이팅 기본기술을 평가하는 것으로 완만한 곡선을 만드는 루프(loop), 괄호 모양을 만드는 브라켓(bracket) 등이 0점부터 6점 만점으로 평가 되었다. 그러나 규정종목은 1990년 국제대회부터 제외되었다. 규정종목을 마지막까지 유지한 나라는 미국인데, 미국에서도 1999년 대회가 마지막이었다.

7. 회전

남자 피겨 선수인 경우에는 공중 4회전을 하는 경우도 있다. 4회전을 하기 위하여 얼마만큼 높이 뛰어야 하는지 알아보자.

선수가 n회전을 하기 위하여 점프한 높이를 h_n, 이때까지의 시간을 t_n이라 하자.

물체의 자유낙하로부터

$$h_n = \frac{1}{2}gt_n^2$$

인 관계가 성립한다는 것을 알 수 있다. 선수는 같은 시간 동안에 얼음 위로 돌아와야 하므로, 선수가 공중에 머무르는 시간은 $2t_n$이다. 이 시간 동안 선수는 n회전하여야 하므로, 진동수를 f라 하면

$$2t_n = \frac{n}{f}$$

이다. 따라서 회전수와 선수의 점프 높이 사이에는

$$h_n = \frac{g}{8}\frac{n^2}{f^2}$$

인 관계가 성립한다.

한편 피겨 스케이트에서 각운동량보존법칙이 성립한다고 가정하자. 팔을 펴고 돌때의 관성 모멘트와 각속도를 각각 I_1, w_1이라 하고, 팔을 몸에 붙이고 돌때의 관성 모멘트와 각속도를 각각 I_2, ω_2라고 하면

$$I_1 w_1 \approx I_2 w_2$$

이다. 그런데 아래 그림에서

$$I_1 \approx \frac{1}{2}Mr^2 + 2mR^2, \qquad I_2 \approx = \frac{1}{2}(M+2m)r^2$$

이다.

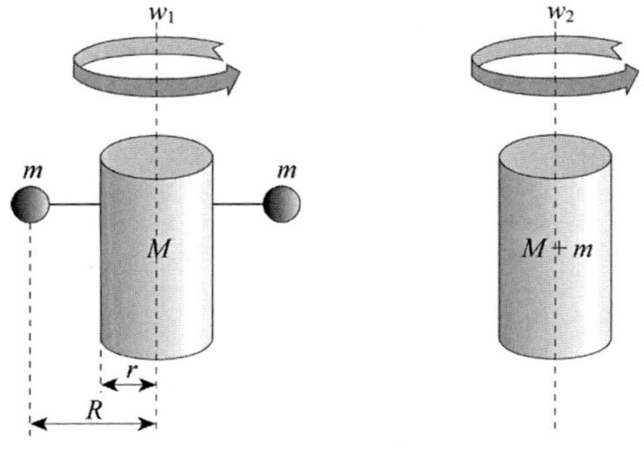

만약 선수의 몸통 질량은 $M=45\,\mathrm{kg}$이고 팔의 질량 $m=2\frac{1}{2}\mathrm{kg}$, $r=0.2\mathrm{m}$, $R=0.5\mathrm{m}$라고 하면, 위의 각운동량보존법칙으로부터

$$w_2 \approx 2.15 w_1$$

을 얻는다. 즉 팔을 몸에 붙이고 돌 때가 팔을 펴고 돌 때보다 2배 이상 빠르다.

참고문헌

[1] 박형빈, **수학은 생활이다**, 경문사(2002)

[2] M. Denny, *Gliding for gold; The physics of winter sports*, Johns Hopkins University Press(2011)

[3] D. Larson and D. C. Falvo, *Elementary linear algebra*, Brooks/Cole(2010)

[4] W. Rudin, *Principles of mathematical analysis*, 3rd. ed., McGraw-Hill(1976)

[5] L. E. Sadvoskii and A. L. Sadvoskii, *Mathematics and sports*, American Mathematical Society(1993)

[6] http://en.wikipedia.org/wiki/Figure_skating

제6장 사이클링

6.1 자전거

두 바퀴를 가진 자전거 호비 호스(Hobby Horse)가 1817년 독일의 드라이스(Karl Drais; 1875 - 1851)에 의해 처음 만들어졌다. 이 자전거는 1815년 인도네시아의 탐보라(Tambora) 화산의 폭발로 생긴 화산재와 구름으로 인해 유럽에서는 말의 먹이가 천정부지로 올라가자 말의 대체용으로 개발되었다. 물론 그 당시의 자전거는 기어가 없이 나무로 만든 바퀴로 만들어졌다.

1839～1940년에는 스코틀랜드의 맥밀란(Macmillan; 1812 - 1878)에 의해 뒷바퀴의 크랭크가 앞바퀴 쪽의 고정된 곳에 막대로 연결된 자전거를 만들었다.

<그림 6.1 호비 호스(Pedestrian Accelerator)>

[출처 : commons.wikimedia.org]

<그림 6.2 Macmillan의 자전거>

[출처 : Wilson]

이후 한동안 기차 등의 발명으로 자전거에 대한 개발이 주춤하다가, 1960년대 들어 프랑스의 미쇼(Michaux; 1813 - 1883)는 앞바퀴에 크랭크와 페달을 달아 자전거에 획기적인 변화를 가져왔다.

1969년 파리 자전거 전시회에서는 고무 타이어, free - wheel, 튜브 골격, 밴드 브레이크 등이 선보였다. 1870년대에는 영국의 스탈리(Starley; 1855 - 1901)가 개발한 소위 오디나리 자전거(ordinary, high - wheeler)가 유행했으며, 바퀴의 볼 베어링, 속이 빈 튜브 등이 장착되었고, 타이어의 품질도 많이 개선되었다.

<그림 6.3 Michaux의 자전거>

[출처 : Wikepedia.org]

<그림 6.4 오디나리 자전거(high-wheeler)>

1888년에는 공기 주입식 타이어가, 1890년대에는 뒷바퀴를 동력축으로 체인에 연결된 자전거가, 1902년에는 3단 기어를 장착한 자전거가 개발되었다.

전형적인 길거리 자전거 외에도 누워서 타는(recumbent) 자전거, 산악자전거 등 여러 종류가 있다. 어쨌든 사이클링은 처음 타는 사람이 비틀비틀 타던, 출퇴근용으로 타던, 여행으로 타던, 전문적인 경기용으로 타던 인간의 운동 중에서 가장 많은 보상을 받는 것 중의 하나이다. 왜냐하면 자전거는 환경문제를 해결하고, 지속적으로 건강을 유지하기 위한 좋은 장치로, 수백만 명의 사람들에게 홀로 자유롭게 여행을 할 수 있게 해 주는 더할 나위 없이 좋은 도구이기 때문이다. 현재는 지구상의 약 12억 명이 자전거를 타고 즐기는 것으로 알려져 있다.

<그림 6.5 Gerstein의 작품>

6.2 동력

이제 자전거의 역동성에 대하여 과학적으로 알아보자. 자전거를 탄다는 것은 정지해 있는 물체는 정지하려고 하고 움직이는 물체는 움직이는 방향으로 계속 움직이려 하는 관성을 이겨내는 것을 말한다. 여기에는 사람의 체중과 자전거의 무게에 대한 중력, 공기의 저항, 페달-체인-기어로 이어지는 마찰과 자전거 바퀴가 지면과 일으키는 저항의 힘이 작용한다.

<그림 6.6 자전거>

[출처 : huhyong.egloos.com]

자전거에는 기본적으로 골격(프레임), 페달, 체인, 브레이크, 안장, 핸들과 기어로 구성되어 있으며, 자전거의 기본 골격은 공학자들이 좋아하는 삼각형으로 되어 있다. 삼각형은 주어진 무게의 재료를 가지고 만들 수 있는 이차원의 도형 중에서 가장 안정적인 도형이다. 왜냐하면 삼각형의 세변이 주어지면 변이 이루는 각은 하나로 결정되며, 삼각형에 힘이 가해졌을 때 세 변에 힘이 고루 전달되어 그 모양의 변형이 최소가 되기 때문이다.

일(work) 또는 동력(power)은 힘이 작용한 방향으로 물건을 얼마나 움직였느냐로 결정된다. 즉,

$$(\text{일}) = (\text{힘}) \times (\text{움직인 거리})$$

이다. 따라서 동력의 단위는 1b ft/s 또는 뉴톤(N)으로 나타난다. 여기서 1N은 1kg의 질량을 1초에 1m/sec로 가속하는 힘, 즉 1N=1kg m/sec2이다. 짧은 시간 동안에 이루어지는 일을 몸무게를 기준으로 하면, 보통 사람의 경우 2~4W/kg이고, 취미로 자전거를 타는 사람의 경우는 4~6W/kg, 선수들의 경우 6~10W/kg정도 된다.

자전거에서의 일은 호나 원으로 일어나는데, 자전거의 페달을 밟아 크랭크를 회전시킴으로써 회전이 일어난다. 이때 사람 몸속의 열에너지 Q가 일 W로 바뀌는 것을 열효율이라고 하는데, 자전거 페달을 밟을 때의 열효율은 약 0.25 정도 되는 것으로 알려져 있다.

한편 자전거를 꾸준히 타는 사람들은 자신의 몸무게의 $\frac{1}{6} \sim \frac{1}{3}$ 정도의 힘으로 페달을 밟는다. 자전거의 페달을 밟는 회전 시스템에서 일어나는 일은 보통 토크(torque)라 불리는 회전력(circular force)과 힘이 작용한 각의 크기의 곱으로 나타난다. 즉

$$(\text{토크}) = (\text{힘}) \times (\text{거리})$$

로 나타나므로, 일은(power)은

$$(\text{토크}) \times (\text{각속도})$$

로 나타난다. 따라서

$$(\text{자전거의 평균 추진력}) = \frac{(\text{일})}{(\text{발의 속력})}$$

로 나타난다. 물론 발의 속력은 크랭크가 1초에 몇 번을 도느냐에 따라 결정된다.

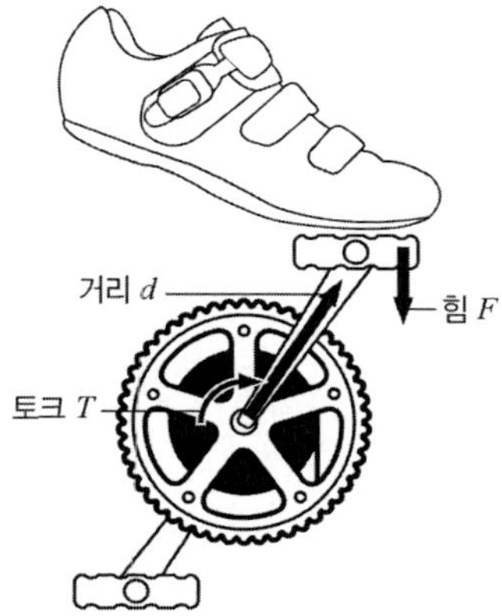

<그림 6.7 크랭크와 토크>

사실 자전거는 겉바퀴와 속바퀴 그리고 속바퀴 내에 회전의 중심이 되는 중앙축으로 구성되어 있으며, 지레의 원리로 작동하는 단순한 기구이다. 자전거의 크랭크나 뒷바퀴는 중심축에 힘이 작용하여 회전을 일으키는데, 이런 바퀴체계를 제2형 바퀴라고 한다.

제2형 바퀴에서 중심축의 반지름을 r_a, 축에 작용한 힘을 F, 바퀴의 반지름을 r_w, 바퀴의 저항을 R이라고 하면, 힘과 저항 사이에는

$$F \times r_a = R \times r_a \tag{6.1}$$

즉

$$\frac{r_w}{r_a} = \frac{F}{R}$$

이 성립한다. 그런데 제2형 바퀴에서는 $r_w > r_a$이므로 $F > R$의 관계가 있다. 그러므로 자전거의 바퀴는 3종 지레와 같이 힘을 사용하여 거리와 속도에서 이득을 얻는 동력 체계이다.

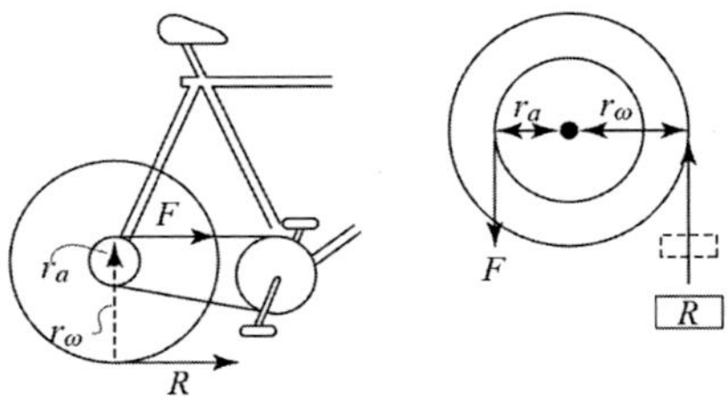

<그림 6.8 자전거의 동력 전달>

6.3 자전거의 골격

다른 교통수단과 달리 자전거는 가는 튜브로 만들어진 삼각형 구조를 기본 골격으로 가지고 있다. 사실 자전거 경주자의 입장에서 보면 더 가벼운 자전거를 이용하여 시간을 단축시키고 싶은 욕망이 있다. 그 결과야 어떻든, 자전거의 구조는 자전거보다 거의 6배나 더 무거운 성인의 무게를 견디며, 발로 피스톤처럼 페달을 움직이는 데도 불구하고 안정적으로 견디는 힘의 이유가 뭘까?

자전거의 기본 골격의 강도를 재는 방법 중 하나는 자전거의 각 부분에 미치는 힘을 나타내는 스트레스(stress)를 알아보는 것이다. 외부의 힘이 작용하면 자전거의 골격은 힘의 균형을 이룰 때까지 힘에 적응하게 된다. 이 스트레스는 단위 넓이에 작용하는 외부의 힘이므로, 자전거의 골격 바깥 반지름을 R, 안쪽 반지름을 r이라고 하면 골격의 단면적은

$$\pi R^2 - \pi r^2 \tag{6.2}$$

이 된다.

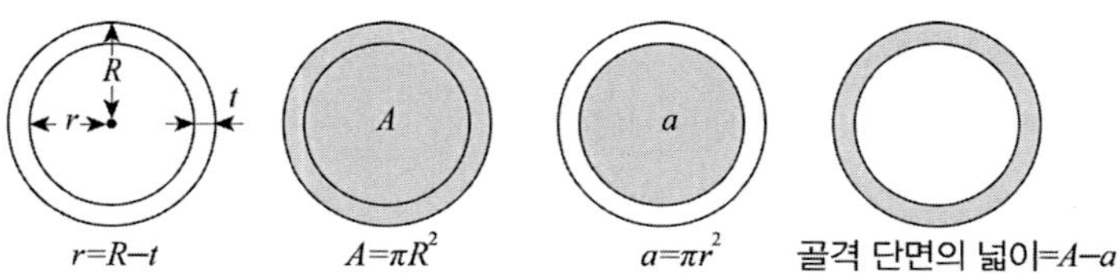

<그림 6.10>

스트레스는 보통 psi(pound per square inch) 또는 N/m^2(Newton per m^2, Pa(Pascal))로 나타내며, 1psi는 약 6,900Pa이다. 예를 들어, 몸무게가 150lb인 사람이 아래의 <그림 6.11>과 같이 핸들이나 페달에 힘을 분산시킬 때, 자전거의 안장에 연결된 골격 튜브가 받는 스트레스를 구하여보자. 반지름이 $\frac{1}{2}$인치이고 두께가 $\frac{1}{8}$인치인 골격으로 만들어진 튜브의 단면의 넓이는

$$\pi\left(\frac{1}{2}\right)^2 - \pi\left(\frac{1}{2} - \frac{1}{8}\right)^2 \approx 0.344$$

이다. <그림 6.11>의 앞 그림과 같이 몸을 앞으로 숙여 핸들, 안장, 페달에 각각 몸무게의 35%, 45%, 20%의 힘이 전달되는 경우에 안장 골격이 받는 스트레스는

$$\frac{150 \times 0.45}{0.344} = \frac{67.5}{0.344} = 196\,\mathrm{psi}(1.35\mathrm{Mpa})$$

이고, <그림 6.11>의 뒤 그림과 같이 핸들을 잡지 않고 탈 때 핸들, 안장, 페달에 각각 몸무게의 0%, 80%, 20%의 힘이 전달된다면, 이때 안장 골격이 받는 스트레스는 다음과 같다.

$$\frac{150 \times 0.80}{0.344} = \frac{120}{0.344} = 349\,\mathrm{psi}(2.41\mathrm{Mpa})$$

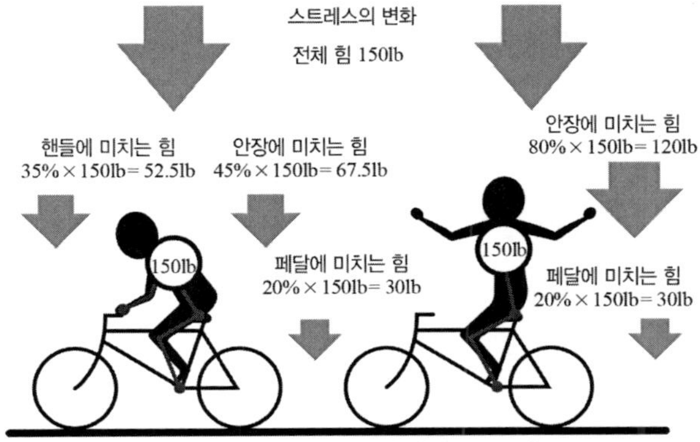

<그림 6.11 자전거 타는 자세와 스트레스>

자전거의 안장에 사람이 앉으면 전체의 무게 중심은 자전거 자체의 무게중심보다 위로 올라가게 된다. 만약 똑바로 가던 자전거를 방향을 바꾸기 위하여 핸들을 서서히 왼쪽으로 누이면, <그림 6.12>에서 보듯이 무게중심은 왼쪽으로 옮겨지게 된다. 따라서 자전거가 쓰러지기 전에 바로잡기 위해서는 핸들을 오른쪽으로 틀어야 한다. 이것이 오른쪽으로 회전하여 가는 방법이다.

이제 앞바퀴를 오른쪽으로 튼 다음 자전거가 원을 그리며 나가기 위해서는 안쪽으로 당기는 힘이 필요한데, 이 힘을 구심력(centripetal force)이라고 한다. 이것은 마치 인공위성이 지구 주위를 돌 때 지구가 인공위성을 당기는 힘과 같다. 사실 자전거와 사람에 미치는 구심력 F(lb)는

$$F=\frac{mv^2}{r} \tag{6.3}$$

로 나타난다.

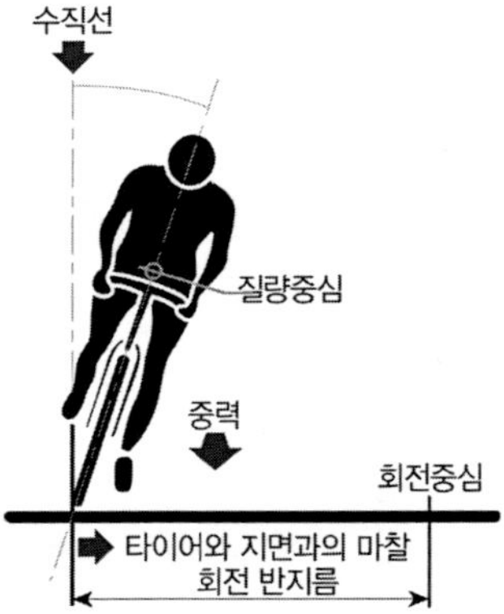

<그림 6.12 방향 전환>

여기서,

m : 질량(slug)

v : 속도(ft/s)

r : 자전거가 도는 원의 반지름(ft)

이다.

6.4 자전거 기어

잘 알다시피 자전거는 앞바퀴의 기어를 돌려 그 힘을 체인에 의해 뒷바퀴로 전달하는 원리로 굴러간다. 기어는 사람의 힘으로 페달을 밟는 제약이 있지만, 앞쪽 기어와 뒤쪽 기어의 크기가 달라 자전거를 효율적으로 탈 수 있다. 보통 사람들은 1분에 60 회전에서 90회전을 하며 전문 선수들은 175회전을 하는 경우가 있다. 그러나 만약 앞쪽 기어와 뒤쪽 기어의 크기가 같다면 주어진 시간에 같은 속력으로 굴러가겠지만, 다행히도 뒤쪽 기어가 앞쪽 기어보다 작게 설계되어 있어 앞쪽 기어보다 뒤쪽 기어가 빨리 돌아간다. 다시 말해 앞쪽 기어의 톱니 수와 뒤쪽 기어의 톱니 수의 비례에 따라 빨리 굴러간다. 이 비율을 기어비(gear ratio)라고 한다. 따라서 자전거 바퀴의 반지름이 r피트(ft)일 때 크랭크가 한 바퀴 돌아가면 앞으로 얼마나 나아가는지를 앞쪽 톱니 수와 뒤쪽 톱니 수에 따라 구할 수 있다.

예를 들어, 앞쪽 기어와 뒤쪽 기어의 톱니 수가 각각 46, 13인 경우, 앞쪽 기어가 한 바퀴 돌면 뒤쪽 기어는 $\frac{46}{13}$번 돌므로 자전거 바퀴도 $\frac{46}{13}$번 회전하게 된다. 따라서 움직인 거리는

$$2\times\pi\times r\times\frac{46}{13}\text{ft}$$

이다. 또 다음과 같은 관계식을 얻을 수 있다.

$$\frac{(\text{자전거 바퀴의 속도})}{(\text{페달의 속도})}=\frac{r}{(\text{크랭크 길이})}\times\frac{(\text{앞쪽 기어 톱니 수})}{(\text{뒤쪽 기어 톱니 수})}$$

톱니바퀴 수 \ 체인링 사이즈	46	47	48	49	50	51	52	53
13	93.6	95.7	97.7	99.7	101.8	103.8	105.8	107.9
14	86.9	88.8	90.7	92.6	94.5	96.4	98.3	100.2
15	81.1	82.9	84.7	86.4	88.2	90.0	91.7	93.5
16	76.1	77.7	79.4	81.0	82.7	84.3	86.0	87.6

그렇다면 뒤쪽 기어의 톱니 수를 마냥 작게 하면 할수록 빨리 굴러가지 않을까? 그러나 그렇지 않다. 뒤쪽 기어의 톱니 수를 작게 하려면 기어의 반지름이 작아야 하므로 자전거를 타는 사람이 뒷바퀴를 돌리는 힘이 많이 필요하다. 실제로 뒤쪽 톱니 수에 따라 다음 그림과 같은 힘의 손실이 보고되고 있다.

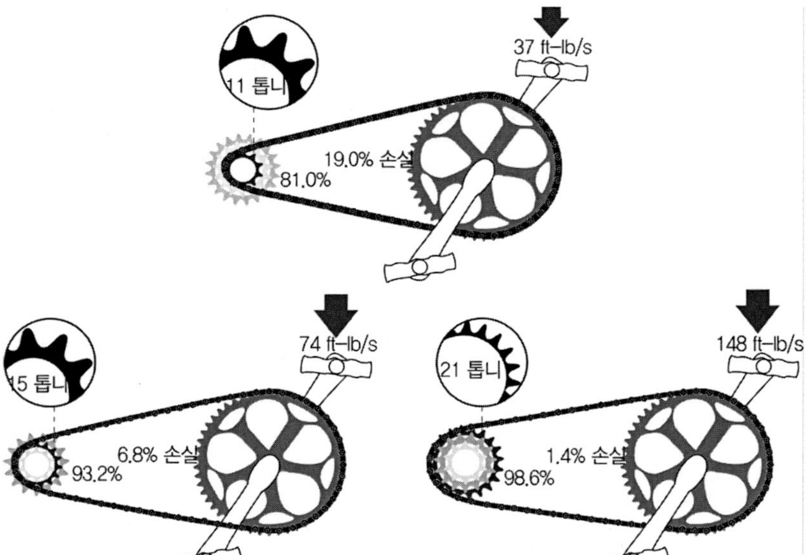

<그림 6.13 자전거의 힘의 손실>

6.5 공기저항

자전거의 페달을 밟을 때 체인에 의한 마찰 때문에 힘이 들기는 하지만, 자전거의 주행을 가로막는 가장 큰 요인은 공기의 저항이다. 공기가 아주 가벼운 기체이기는 하지만 무게가 전혀 없는 것이 아니다. 사실 해수면의 고도에서 화씨 68도(섭씨 20도)에서 1세제곱피트의 무게는 $1\frac{1}{4}$oz(35g)이므로, 자전거를 타는 사람은 이 무게를 밀고 나아가야 한다. 그런데 공기의 저항은 마치 앞으로 나아가는 것을 잡아끄는 힘과 같다. 이 힘을 뒤끌림 힘(drag force)이라고 부른다.

더욱이 자전거를 타는 사람의 자세에 따라 공기의 흐름이 그림과 같이 달라지기 때문에 뒤끌림 힘도 달라진다. 그러므로 자전거를 타는 사람은 뒤끌림 힘을 줄이기 위해 어떤 자세로 타야 하는지를 결정하여야 한다.

원형인 단면의 공기 흐름

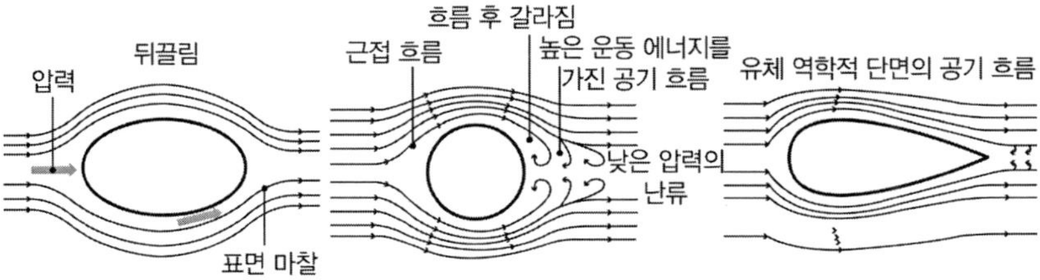

<그림 6.14 물체의 단면 모양과 공기의 흐름>

실제로 68°F(20°C)의 건조한 날씨에 생기는 뒤끌림 힘 F_D(lb)는

$$F_D = \frac{1}{2} C_D A \rho v^2 \tag{6.4}$$

로 나타난다. 여기서 C_D는 뒤끌림 상수, A는 물체의 앞 넓이(ft^2), ρ는 해수

면 고도에서 68°F(20°C)인 건조한 공기의 밀도(약 0.076lb/ft^2, 1.2kg/m^3), v는 물체의 속도(ft/s)이다.

그런데 자전거를 탈 때 앞면의 넓이는

$$A = 0.218H^{0.0293}M^{0.425} + 0.650 \tag{6.5}$$

과 같은 지수함수로 나타난다는 것이 알려져 있다. 여기서 A는 전체 앞넓이(ft^2)이고, H는 자전거 타는 사람의 키(ft), M은 자전거 타는 사람의 몸무게(lb)이다.

한편 평지에서 일정한 속력으로 자전거를 탈 때 나타나는 저항은 타이어의 회전저항과 공기저항이다. 속력이 올라가도 회전저항은 거의 변화가 없지만 공기의 저항은 속력의 제곱에 비례하므로, 시속 30km가 될 때의 공기저항은 시속 15km일 때의 공기저항보다 약 5배가 된다.

그런데

$$(\text{동력}) = (\text{힘}(\text{저항})) \times (\text{속력})$$

이고 저항은 속력의 제곱에 비례하므로, 동력은 속력의 세제곱에 비례한다. 실제로 전체 저항의 76%가 공기저항이므로, 자전거를 탈 때 힘을 덜 들이고 타려면 공기의 저항을 줄이는 자세가 필요하다.

다음 <그림 6.15>는 자전거를 타는 자세에 따라 1시간에 간 거리를 잰 것이다. 가장 효율적인 자세는 슈퍼맨 스타일로 보드맨(Chris Boardman)이 1시간에 35.030마일(56.375km)을 간 기록이다. 그러나 이제는 공식 경기에서 사실상 슈퍼맨 스타일을 금지하고 있다.

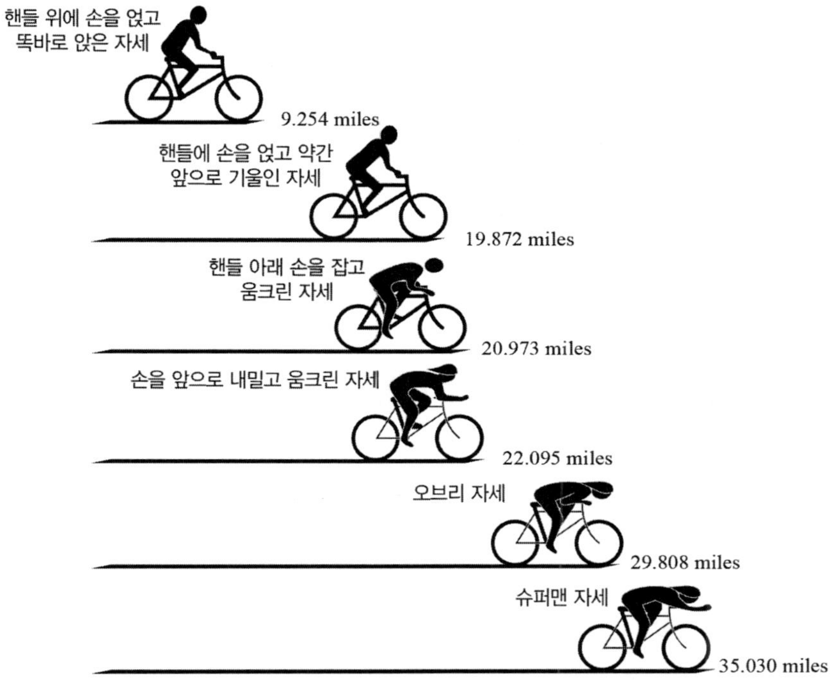

<그림 6.15 자전거를 타는 자세와 속도>

공기의 직접적인 저항을 줄일 뿐만 아니라 공기의 흐름에 의한 소용돌이로 인해 뒤로 잡아당기는 현상을 줄이는 것도 중요하다. 여러 대의 자전거가 일렬로 진행하는 것을 기차대형(train)이라고 하는데, 공기의 흐름을 볼 때 기차대형을 형성하면 앞 사람은 공기의 저항을 많이 받지만 뒷사람은 저항을 덜 받는다. 물론 뒤로 잡아끄는 힘 때문에 가운데 사람보다 제일 마지막 사람은 더 많은 힘이 필요하다. 이를테면 네 명이 기차대형을 이루는 경우 제일 앞사람이 100%의 저항을 받는다면 둘째와 셋째는 58%, 넷째는 60%의 저항을 받는 것으로 보고되고 있다. 이를 이용하여 서로 힘을 잘 분배해 기차대형을 이루며 자전거를 타는 것도 재미있을 것이다.

6.6 사이클로이드

이제 자전거가 일정한 속력으로 직선 위를 움직일 때 자전거 바퀴가 그리는 곡선에 대하여 생각해 보자.

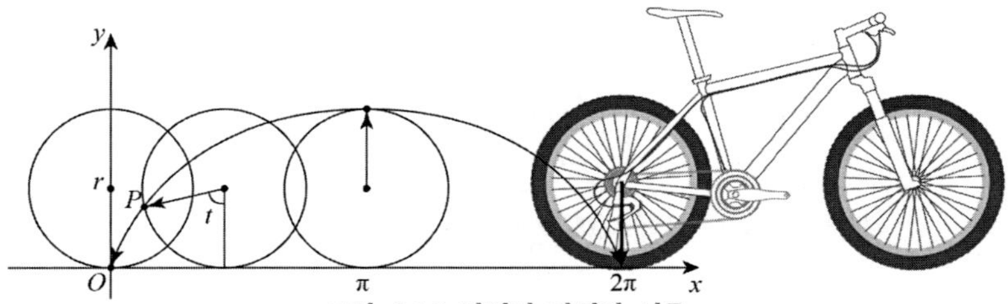

<그림 6.16 자전거 바퀴의 이동>

논의의 편의를 위해 자전거의 반지름이 1이고 일정한 속력 1로 움직인다고 가정해 보자. 속력이 1이므로 t시간이 지나면 원은 t만큼 굴러가게 된다. 즉 원의 중심각에 대한 호의 길이는 같으므로, 다음 <그림 6.17>과 같이 원 위에 처음 있었던 점은 t만큼 회전하게 된다.

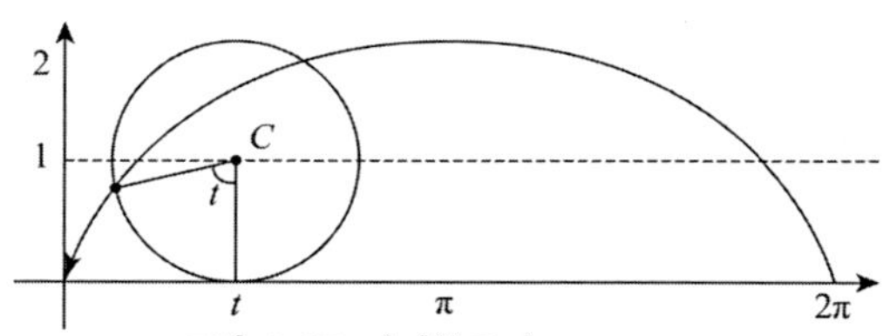

<그림 6.17 사이클로이드>

이때 바퀴의 중심 C의 자취를

$$C(t) = (t,\ 1)$$

라고 하면, 바퀴의 둘에 위의 한 점 P의 자취 $X(t) = (x(t),\ y(t))$는

$$x(t) = t - \sin t \qquad (6.6)$$

$$y(t) = 1 - \cos t \qquad (6.7)$$

로 주어진다. 이 자취를 사이클(cycle)과 같은 어원을 갖는 사이클로이드(cycloid)라고 부른다.

사이클로이드는 한 바퀴를 돌 때마다 같은 모양을 주기적으로 반복하는 곡선이므로

$$x(t+2) = 2 + x(t) \tag{6.8}$$

$$y(t+2) = 1 - \cos t \tag{6.9}$$

이다. 사이클로이드와 같이 함수의 그래프의 모양이 주기적으로 반복되는 함수를 주기함수라고 부른다.

그런데

$$\frac{dx}{dt} = x'(t) = 1 - \cos t, \quad \frac{dy}{dt} = y'(t) = \sin t$$

이므로, 사이클로이드 위의 한 점의 속력은 다음과 같다.

$$\begin{aligned}\sqrt{(x'(t))^2 + (y'(t))^2} &= \sqrt{(1-\cos t)^2 + (\sin t)^2} \\ &= \sqrt{1 - 2\cos t + \cos^2 t + \sin^2 t}\end{aligned}$$

그런데

$$\sin^2 t + \cos^2 t = 1$$

이므로

$$\begin{aligned}\sqrt{(x'(t))^2 + (y'(t))^2} &= \sqrt{2 - 2\cos t} \\ &= 2\sqrt{\frac{1-\cos t}{2}} \\ &= 2\sqrt{\sin^2 \frac{t}{2}} \\ &= 2\left|\sin \frac{t}{2}\right|\end{aligned}$$

이다.

따라서 사이클로이드의 한 호($0 \le t \le 2\pi$)의 길이는

$$\int_0^{2\pi} \sqrt{(x'(t))^2 + (y'(t))^2}\, dt = \int_0^{2\pi} 2\left|\sin\frac{t}{2}\right| dt = 8 \tag{6.10}$$

이다. 다시 말해 사이클로이드의 한 호의 길이는 주어진 원의 지름의 4 배이다.

Technical Notes

1. 앞에서 사용된 여러 단위

1slug는 무게를 중력가속도($32.174\ ft/s^2$)로 나눈 값이다.

$1\ ft = 0.305m$

$1m = 3.281\ ft$

$1\ ft/s = 0.305m/s$

$1m/s = 3.281\ ft/s$

$1lb = 4.448N$

$1N = 0.225lb$

$1slug = 14.594kg$

$1kg = 0.0685slug$

$1\ ft\ lb/s = 0.00182hp = 1.356W$

$1\psi = 6894.757Pa$

$1Pa = 0.000145\psi$

2. 삼각형의 결정조건

삼각형이 하나로 결정될 조건은 다음과 같다.

① 세 변의 길이가 주어졌을 때

② 두 변과 그 사이의 각이 주어졌을 때

③ 한 변과 양 끝 각이 주어졌을 때

물론 여기서 삼각형이 하나로 결정된다는 것은 합동에 의해 동치 관계에 있는 삼각형을 하나로 생각한 것이다.

3. 미분

함수 $y=f(x)$에서 x의 값이 a에서 $a+h$까지 변할 때, x의 증분은

$$\Delta x=(a+h)-a=h$$

이다.

이때 y의 증분은

$$\Delta y=f(a+h)-f(a)$$

이므로, 이 함수의 평균변화율은

$$\frac{\Delta y}{\Delta x}=\frac{f(a+h)-f(a)}{h}$$

이다. 여기서 $\Delta x\to 0$일 때 평균변화율의 극한값

$$\lim_{\Delta x\to 0}\frac{\Delta y}{\Delta x}=\lim_{h\to 0}\frac{f(a+h)-f(a)}{h} \qquad ①$$

가 존재하면, 이 극한값을 함수 $y=f(x)$의 $x=a$에서의 순간변화율 또는 미분계수라 하고 기호

$$f'(a)$$

로 나타낸다.

4. 곡선의 길이

좌표평면 위를 움직이는 점 P의 위치 (x, y)가 시각 t에 따라 $(f(t), g(t))$로 주어진다고 한다. 시각이 t에서 $t+\Delta t$까지 변할 때, x, y와 점 P가 움직인 거리 s의 증분을 각각 Δx, Δy, Δs라고 하자, Δt가 한없이 0으로 가까이 간다면 Δs는 어떤 값에 가까워질까?

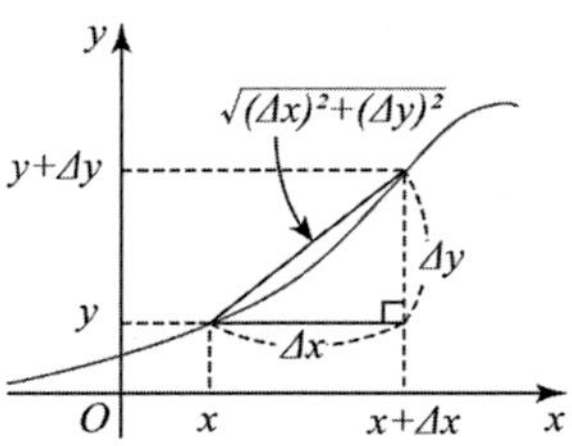

위의 질문에서

$$\Delta x = f(t+\Delta t) - f(t)$$
$$\Delta y = g(t+\Delta t) - g(t)$$

이고, Δt가 충분히 작을 때 Δs는 $\sqrt{(\Delta x)^2 + (\Delta y)^2}$ 에 매우 가까운 값이 된다.

또한

$$\lim_{\Delta t \to 0} \frac{\Delta x}{\Delta t} = \frac{dx}{dt}, \ \lim_{\Delta t \to 0} \frac{\Delta y}{\Delta t} = \frac{dy}{dt}$$

이므로

$$\begin{aligned} \lim_{\Delta t \to 0} \frac{\Delta s}{\Delta t} &= \lim_{\Delta t \to 0} \frac{\sqrt{(\Delta x)^2 + (\Delta y)^2}}{\Delta t} \\ &= \lim_{\Delta t \to 0} \sqrt{\left(\frac{\Delta x}{\Delta t}\right)^2 + \left(\frac{\Delta y}{\Delta t}\right)^2} \\ &= \sqrt{\left(\frac{dx}{dt}\right)^2 + \left(\frac{dy}{dt}\right)^2} \end{aligned}$$

즉,

$$\frac{ds}{dt} = \sqrt{\left(\frac{dx}{dt}\right)^2 + \left(\frac{dy}{dt}\right)^2}$$

이 성립한다. 이것은 시각 t에서 점 P의 속력 $|\vec{v}|$와 같다.

따라서 시각 $t=a$에서 $t=b$까지 점 P가 실제로 움직인 거리는 정적분

$$s = \int_a^b \sqrt{\left(\frac{dx}{dt}\right)^2 + \left(\frac{dy}{dt}\right)^2}\, dt$$

로 나타낼 수 있다.

5. 뉴턴의 운동 제2법칙

뉴턴의 운동 제2법칙은

$$(\text{힘}) = (\text{질량}) \times (\text{가속도})$$

이다. 이때 힘을 F, 질량을 m, 가속도를 a라고 하면

$$F = ma$$

로 나타난다. 그런데 시간 t일 때의 움직인 거리를 $s(t)$라고 나타내면, 속도 $v(t)$와 가속도 $a(t)$는 각각

$$v(t) = \frac{ds}{dt},\ a(t) = \frac{dv}{dt} = \frac{d^2s}{dt^2}$$

이므로

$$F = m\frac{d^2s}{dt^2}$$

으로 나타난다.

참고문헌

[1] 김홍종, **미적분학** I, 서울대학교출판부(2008)

[2] 박성순, 이필근, 류재청, 이계산, 오문균, 백승국, 정준원, 이경일, 우철호, 양창수, 윤정환, 송주호, 이석구, 허성규, 김주형, 김지태, 이지선, **운동역학**, 대경북스(2005)

[3] 정상권, 이재학, 박혜숙, 홍진곤, 박부성, 최홍원, 민진원, 김호경, **고등학교 기하와 벡터**, 금성출판사(2014)

[4] 후지이 노리아키, **로드 바이크의 과학**, 손은환, 강지운 옮김, 엘빅미디어(2009)

[5] D. G. Wilson, *Bicycling science*, 3rd ed., MIT Press(2004)

[6] M. Glaski, *Cycling science*, The University of Chicago Press(2012)

제7장 다이빙과 수영

7.1 다이빙

1988년 서울올림픽에서, 미국의 루가니스(Louganis; 1960 -)는 3m 스프링보드 다이빙에서 다이빙보드에 머리를 부딪쳐 다친 뒤에도 상처를 꿰맨 후 부상 투혼을 발휘하여 이 부문 금메달을 땄다. 더욱이 루가니스는 10m 플랫폼에서도 금메달을 따내 스포츠를 통해 우리에게 큰 감동을 주었다.

<그림 7.1 다이빙>

[출처 : en.wikipedia.org]

스프링보드는 폭 20인치(50.8cm), 길이 16피트(4.88m)로, 보드의 받침점은 고정된 끝에서 대략 3분의 1지점에 위치한다. 따라서 선수가 다이빙을 하려면 균형과 리듬이 있는 세 번의 스텝으로 보드 끝까지 다가가야 한다. 그렇지 않으면 다이빙보드의 진동 때문에 균형을 잃고 그냥 뛰어내릴 수밖에 없을 것이다. 또한 리듬감 있게 스텝을 밟아서 보드에 작은 진동을 시키고 세 번째 스텝에서는 보드가 위쪽으로 진동하는 힘의 도움을 받는 발구름 동작으로 이어진다.

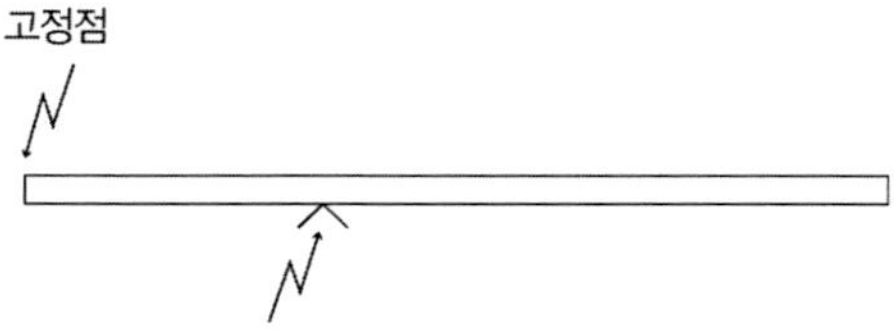

<그림 7.2 스프링보드>

일반적으로 선수가 스프링보드 끝에 발을 딛기 전 보드가 2.5회 진동할 때 발구름을 한다고 한다. 다시 말하면 보드가 최대 속력으로 아래쪽으로 움직이는 동안에 보드 끝에 발을 디뎌, 보드가 최대로 눌려지게 한다는 것이다. 이래야지만 보드의 탄성에너지가 최대로 저장되고, 이 탄성에너지의 대부분이 선수에게로 전달되어 선수를 높이 오르게 한다.

다이빙 선수가 높이 오르는 것이 중요한 이유는 체공 시간 동안에 공중돌기와 회전 등의 기술을 구사할 시간과 가능한 한 물방울이 튀기지 않을 자세를 취할 시간을 확보하여야 하기 때문이다. 물론 시간이 길수록 난이도가 높은 기술을 구사하여 좋은 점수를 받을 수 있다. 그런데 스프링보드를 떠나면 선수에게는 약간의 공기저항도 작용하지만 떠 있는 동안 거의 전적으로 중력만이 작용하므로, 체공 시간을 늘리는 방법은 스프링보드를 떠날 때의 처음 속도를 최대한 높이는 것이다.

7.2 서울올림픽

기록에 의하면 키가 175cm인 루가니스는 스프링보드를 떠난 후 약 1.7초 후 물에 떨어졌다. 루가니스의 질량중심이 어디에 있는지 정확히 알지는 못하지만, 대부분 상체가 하체보다 무거운 것을 감안하여 발에서부터 1m인 지점에 질량중심이 있다고 가정하자.

그러면 루가니스가 3m 높이의 스프링보드에서 뛰어 오르는 순간의 질량중심은 수면으로부터 높이가 4m인 곳에 있고, 1.7초 후에 머리가 물에 잠기는 순간의 질량중심은 0.75m에 있게 된다. 이것을 바탕으로 루가니스가 어떤 궤적을 따라 다이빙을 했는지 알아보자.

높이가 y_0인 지점에서 수직방향의 처음 속도가 v_{0y}인 물체의 t초 후의 높이 y는

$$y = -\frac{1}{2}gt^2 + v_{0y}t + y_0 \tag{7.1}$$

임을 알고 있다. 여기서 g는 중력가속도를 나타낸다. 따라서

$$y_0 = 4$$

$$0.75 = -\frac{1}{2} \times 9.8 \times 1.7^2 + v_{0y} \times 1.7 + 4$$

를 얻는다. 그러므로

$$v_{0y} \approx 6.4(\mathrm{m/s})$$

가 된다. 따라서 루가니스의 궤적은

$$y = -\frac{1}{2}gt^2 + 6.4t + 4 \tag{7.2}$$

를 따른다.

또 루가니스가 스프링보드를 지날 때, 루가니스의 질량중심은 보드로부터 1m 떨어진 곳을 지났다는 것을 비디오 자료로부터 추정할 수 있다. 사실 질량 중심이 보드로부터 1m 떨어졌다는 것은 다른 신체 부위는 이보다 훨씬 더 보드에 가깝다는 것을 의미한다. 수평방향의 위치가 시간에 따라

$$x = x_0 + v_{0x}t \tag{7.30}$$

으로 나타난다는 사실로부터

$$1 = v_{0x} \times 1.7$$

즉 수평방향의 초기속도가

$$v_{0x} = 0.59\,(\mathrm{m/s})$$

이었다는 것을 알 수 있다.

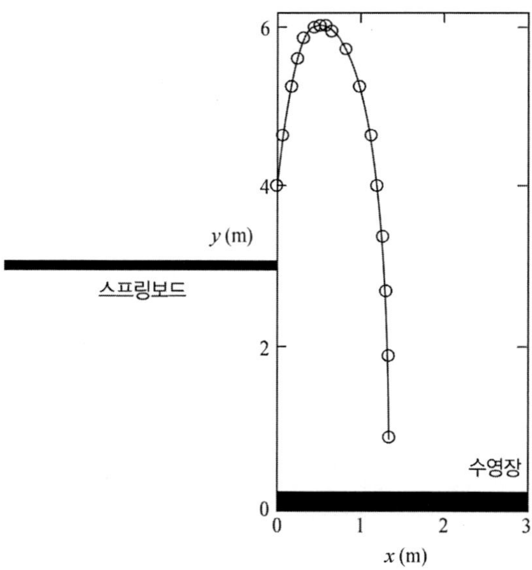

<그림 7.3 루가니스의 다이빙 궤적>

초기속도 $v_0=(v_{0x}, v_{0y})$가 지면과 θ의 각을 이루면

$$v_0=\sqrt{v_{0x}^2+v_{0y}^2},\ \tan\theta=\frac{v_{0y}}{v_{0x}},\ v_{0x}=0.59,\ v_{0y}=6.4$$

이므로, 루가니스는 초기속도 약 $6.46\mathrm{m/s^2}$, 출발 각도 약 $83.9°$로 뛰어 올랐다는 것을 알 수 있다. 한편 함수

$$y=-\frac{1}{2}gt^2+6.4t+4$$

로부터, 루가니스는 최고 정점에서 물에 들어가기까지의 약 1.5초 동안 비틀고 회전(공중제비)하는 모든 동작을 하여야 했다는 것을 알 수 있다.

루가니스가 1.5초 동안에 두 바퀴 반에서 세 바퀴 반까지 공중제비를 돌기 위해서는 회전속도가 커야 한다. 만약 1.5초 동안에 무릎과 허리를 굽혀 공처럼 몸을 말듯이 바짝 껴안고(tuck 자세) 공중제비를 세 바퀴를 돈다면, 몸의 회전각속력 w는

$$w=\frac{3}{1.5}=2(\text{회전})=4\pi\text{라디안/s}\approx 12.6\text{라디안/s}$$

이다. 이것은 1분당 120회전하는 것에 해당하며, 이 속도는 CD의 가장자리가 돌아가는 속도의 1/2에 해당하는 빠르기이다. 이와 같이 빠른 속력으로 회전하기 위해 선수는 얼마만한 집중력과 훈련이 필요한지 상상이 가는 동작이다.

한편 다이빙은 비틀기와 회전만으로 성적이 결정되는 것이 아니다. 높은 점수를 받기 위해서는 입수할 때 가능한 한 물방울을 적게 튕겨야 한다. 그런데 물을 적게 튀기기 위해서는 입수 전에 빠른 회전을 멈추어야 한다. 회전속력을 줄이기 위해서는 웅크렸던 몸을 무릎과 허리를 굽히지 않고 가능한 한 길게 펴는 자세(layout 자세)를 취해야 한다. 이 레이아웃 자세는 터크 자세보다 관성모멘트가 4배가 된다.

따라서 각 운동량보존법칙에 의하여 관성모멘트가 4배가 되면 각속력은 1/4로 줄어야 한다. 그런데 루가니스는 보드 아래에서 물에 들어가기 전 0.2초의 시간 밖에 없다. 따라서 각속력은

$$\frac{2}{4} = 0.5 \text{ 회전/s}$$

이므로, 이 시간 동안 $0.5 \times 0.2 = \frac{1}{10}$ 회전(36°) 할 수 있다.

7.3 다이빙 수영장

다이빙 수영장의 규격은 3m 스프링보드 경기의 경우는 깊이가 3.80m 이상이어야 하고, 10m 플랫폼의 경우는 깊이가 5.00m 이상이어야 한다. 이런 의미에서 다이빙은 수영장에서 하는 스포츠라고 불러도 좋을 듯하다. 그러나 선수의 점수는 물로 들어가는 순간만 빼고는 수면 위에서 정해진다는 점에서 다이빙을 공중에서 하는 스포츠라고 불러도 좋을 듯싶다. 그런데 다이빙을 공중 스포츠라고 부르기에는 좀 이상하게 느껴진다.

루가니스의 질량 중심은 수면 위로부터 4m 높이에 있으므로, 보드를 떠나 다시 질량 중심의 위치 4m에 올 때까지의 시간은 식 (7.1)로부터

$$4 = -\frac{1}{2}gt^2 + 6.4t + 4$$

일 때이다. 즉,

$$t = 1.3$$

초 후이다. 그런데 루가니스가 뛰어 오를 때의 속도와 방향은 다르지만 다시 같은 높이의 지점을 지날 때의 속력은 같다. 즉 루가니스는 4m 높이에서 초속 6.4m로 뛰어 내린 것과 같다.

따라서 루가니스의 손이 수면에 닿을 때, 즉 t=0.4일 때의 속도는

$$v_y = gt + 6.4 = 9.8 \times 0.4 + 6.4 \approx 10$$

이다. 다시 말하면 루가니스의 손이 수면에 닿는 순간 질량 중심의 속도는 약 10m/s가 된다.

만약 깊이가 3.8m인 수영장에 물이 없어 더 내려간다면, 루가니스의 속력은 약 13m에 달한다. 이것은 시속 50km에 해당하는 속력이다. 시멘트 바닥인 수영장에 시속 50km로 부딪힌다는 상상을 해 보면 끔직한 일이다.

위와 같은 일이 벌어지지 않으려면, 다이빙 선수가 바닥에 닿지 않도록 받쳐주는 힘이 필요하다. 이것이 항력인데 다시 한 번 식으로 표현하면

$$F_d = \frac{1}{2} C_D \rho A v^2 \tag{7.4}$$

이다. 그런데 물의 밀도는 공기의 밀도보다 약 800배 정도 크므로, 항력도 공기 중에서 받는 것보다 훨씬 크다.

그렇더라도 만약 다이빙 선수가 물에 빠져들 때의 자세를 그대로 유지한다면, 바닥까지 내려가는 데 1초 정도 밖에 걸리지 않는다. 다행히도 다이빙 선수들은 물에 빠져든 후 몸과 팔의 자세를 바꾸어 몸의 단면적을 변화시켜 항력을 크게 만든다. 이렇게 함으로 다이빙 선수가 수영장 바닥에 부딪히는 것을 막을 수 있다. 물론 항력 이외에도 아르키메데스가 발견하고 유레카(Eureka) 하고 외친 부력이 작용한 영향도 크다.

7.4 수영

다이빙이 공중과 물에서 하는 운동인 것과 마찬가지로 수영도 일면 물과 공기 중에서의 운동이다. 물론, 지금과 같은 스포츠로서의 수영은 불과 100년 정도 밖에 되지 않은 운동이다. 그렇더라도 인류가 물과 접한 것은 선사시대부터이었다는 것을 암벽화를 통해 엿볼 수 있다.

옛날부터 농사나 군사적 목적으로 자신의 몸이 강을 건너는 것 이외에도 농기구나 전쟁 물자의 수송을 위해 장비가 필요하게 되었다. 아시리아인은 이런 수송 장비로 가죽 주머니를 이용하였고, 중세의 기사들은 강을 건너기 위하여 밧줄을 이용한 기록들이 있다.

13세기의 그림에 나타난 것으로 볼 때, 수영은 지금과 같은 의미에서 보면 수영이 아니라 목욕을 하는 수준이었다. 1220년의 그림에는 사냥에서 돌아온 왕의 선물을 받은 사냥꾼이 옷을 나뭇가지에 걸어 놓은 채 연못에서 목욕하는 장면이 나오고, 16세기에 나타난 그림에서는 물레방아의 물길에서 물에 뛰어들어 노는 아이들이 묘사되어 있다.

1750년경의 그림에는 낚시를 하는 어른과 물놀이를 하는 어린이가 묘사되어 있다. 이 무렵에는 여러 구기 종목이 인기가 있었으며 경기가 조직되었던 시기이다. 이 당시 지금의 축구의 전신인 프랑스의 “Soule” 경기의 막바지는 물속에서 끝나는 경우가 있었는데, 이때 지금의 크롤 수영을 하는 그림이 나타난다.

18세기 말엽에는 물에 뜨기, 앞으로 가기, 뒤로 가기, 돌기 등 수영의 기술에 관한 여러 책들이 출간되었으나, 수영 교재로서의 내용은 아니었다. 그러나 서서히 수영이 유용하고 배울만한 것이라는 생각이 유행하게 되었고, 19세기 선박 건조 기술자는 군사교육에 필요한 기계를 만들었다. 상황은 빨리 변하게 되었는데, 노를 젓는 사람들은 물 위에서 하는 것보다 물속에서 하는 것이 더 재미있다는 사실을 발견하고 수영 동호

회를 결성하게 되었다. 이런 발전을 통해 수영 경기는 대서양을 건너는 장거리 경기뿐만 아니라 올림픽 경기에서도 시작되게 된다.

7.5 효율적 수영

효율적 수영은 앞으로 나아갈 때 생기는 저항을 줄이면서 어떻게 추진력을 생성해내냐 하는 능력에 달려 있다. 이때 저항은 앞에서 알아본 것 같이

$$F_d = \frac{1}{2} C_D \rho A v^2$$

으로 나타나는데, 크롤의 경우 속도 v에 대한 계수 $\mathrm{C} = \frac{1}{2} C_D \rho A$의 값은 남자의 경우에는 ±30이고, 여자의 경우에는 ±24 정도로 나타난다. 따라서 수영 선수가 같은 속력으로 수영하기 위해서는 그가 내는 추진력 F_p가 저항과 같은 힘을 내야 한다. 즉

$$F_p = F_d$$

이 되어야 한다. 다시 말하면 수영의 최고 속도는 최대 추진력이 저항과 같을 때 일어나는데, 이러한 추진력은 부력과 물을 손바닥으로 미는 스트로크를 어떻게 이용하느냐에 달려 있다.

평균 추진력과 수영 속력 사이에는 직접적인 관계가 있지만, 수영을 빨리 하는 것은 단지 추진력을 극대화하는 것만의 문제는 아니다. 왜냐하면 수영은 산소와 무산소의 과정이 공존하는 운동이기 때문이다. 따라서 추진력만을 극대화하는 문제가 아니라 유한한 물질대사 능력 안에서 큰 추진력을 어떻게 얻느냐의 문제이다.

수영의 에너지를 분석해보면, 수영을 하는 사람이 하는 일(J)이란 (일)=(힘)×(거리)로 나타나므로 간단히

$$J = F_d \times s \tag{7.5}$$

로 나타난다. 여기서 s는 수영을 하여 움직인 거리를 나타낸다.

또 이것을 시간에 대해서 미분하면, 일의 변화율은 저항과 속도의 곱이 된다. 즉

$$\frac{dJ}{dt} = F_d \times \frac{ds}{st} = F_d \times v \tag{7.6}$$

로 나타난다.

그런데 땅을 박차고 하는 땅 위에서의 운동과 달리, 수영은 물을 거슬러 가는 운동이다. 따라서 수영하는 사람이 추진력을 얻기 위해서는 물의 질량 $\sum m_i$에 속도의 변화 Δv_i를 주어야 한다. 그러므로 시간 T 시간 동안 얻는 평균 추진력은

$$F_p = \frac{1}{T}\int_0^T F_p(t)dt = \frac{1}{T}\sum m_i \Delta v_i \tag{7.7}$$

이다. 한편 물이 얻는 운동에너지 E_k는

$$E_k = \frac{1}{2}\sum m_i (\Delta v_i)^2 \tag{7.8}$$

가 된다.

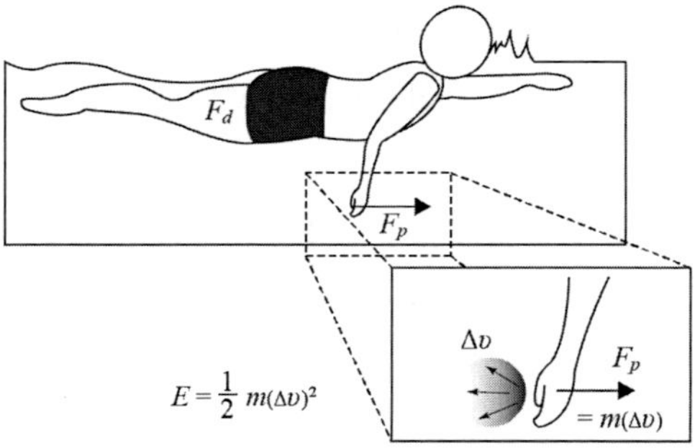

<그림 7.4 추진력과 에너지>

운동에너지는 수영 선수로부터 물로 전달이 되는데, 이 에너지 중 일부가 물을 미는데 사용된다. 그런데 실제로 수영 선수가 사용하는 전체 힘 P_o는 뒤로 잡아끄는 힘 P_d을 극복하기 위한 것뿐만 아니라 물을 미는 데 필요한 운동에너지의 변환 P_k가 있다. 즉,

$$P_o = P_d + P_k \tag{7.9}$$

가 성립한다. 뒤로 잡아끄는 힘을 넘어서기 위한 힘의 효율성을 추진효율이라고 하는데, 이것을

$$e_p = \frac{P_d}{P_o} = \frac{P_d}{P_d + P_k} \tag{7.10}$$

와 같이 정의한다.

수영선수는 잡아끄는 힘을 넘어서기 위해서 힘을 내야 하는데, 이 힘은

$$P_d = F_d \times v_b \times \cos\pi \tag{7.11}$$

이다. 여기서 v_b는 선수의 수영 속도를 나타내고 $\cos\pi$는 힘과 속도와 반대 방향을 나타낸다. 그런데 $\cos\pi = -1$이므로, P_d는 음수가 된다. 따라서 이것은 선수가 힘을 소비해버려야 한다는 것을 의미한다.

같은 원리가 추진력에 대해서도 성립하는데, 아래 <그림 7.5>에서 알 수 있듯이 물을 미는 데 드는 힘은

$$P_k = F_p \times v_h \times \cos\alpha \tag{7.12}$$

이다. 여기서 v_h는 물을 미는 손의 속도이고 α는 추진력 F_p와 v_h 사이의 각을 나타낸다. 특히 $\alpha = \pi$인 경우에는 앞에서 언급한 것처럼 v_h는 뒤로 미는 방향이고, $\alpha = \frac{\pi}{2}$이면 $\cos\alpha = 0$가 되어 위로 뜨는 방향이 된다.

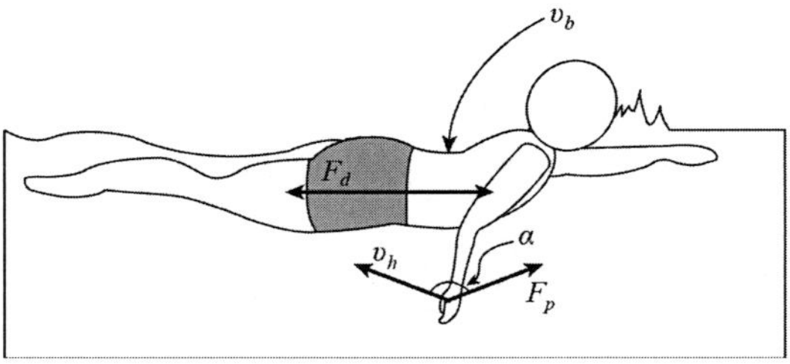

<그림 7.5 수영 선수에 미치는 힘>

선수의 힘은 몸속에 저장된 에너지로부터 무산소와 유산소의 신진대사에 의해 활성화하는 에너지의 비율에 영향을 받는다. 이 활성에너지가 수영을 하게 하는 알짜 힘이다. 이것을 입력 힘 P_i라고 나타내면, 수영 속도는 대체적으로 다음의 세 가지 요인에 의해 결정된다.

① 입력 힘 P_i와 수영을 하는 데 필요한 전체 출력 힘 P_o의 비
이것을 전체 효율 e_g이라 하면

$$e_g = \frac{P_o}{P_i} \tag{7.13}$$

이다.

② 뒤로 잡아끄는 힘을 극복하기 위한 효과적인 힘의 배분
추진 효율 e_p에 대하여

$$P_d = e_p \times P_o \tag{7.14}$$

③ 수영 속도와 뒤로 잡아끄는 힘 P_d을 극복하기 위해 요구되는 힘의 관계

$$P_d = F_d \times v,\ F_d = Cv^2 \tag{7.15}$$

따라서

$$P_d = e_g \times e_p \times P_i \tag{7.16}$$

와

$$v = \frac{e_g e_p P_i}{\sqrt[3]{C}} \text{ 또는 } v = \frac{e_p P_o}{\sqrt[3]{C}} \tag{7.17}$$

로 나타난다.

결과적으로 수영 속도는 대체적으로 뒤로 잡아끄는 힘, 입력 힘, 추진 효율, 전체 효율, 출력 힘의 다섯 가지 요인에 의해 좌우된다는 것을 알 수 있다.

한편 추진효율 (7.13)과 속도 (7.17)과의 관계로부터

$$Cv^3 = e_p P_o \tag{7.18}$$

을 얻었다. 그러므로 팔을 젓는 횟수를 f라 하고, 한 번의 스트로크에 의해 나아가는 거리를 d라 하면

$$d^3 f^3 = \frac{e_p P_o}{C}$$

를 얻는다.

그런데 출력 힘 P_o는 매 스트로크에 의한 일 W와 팔을 젓는 횟수 f의 곱이므로

$$d^3 = \frac{e_p Wf}{Cf^3}$$

이다. 따라서 한 번의 스트로크에 의해 수영한 거리는

$$d = \sqrt[3]{\frac{e_p W}{Cf^2}} \tag{7.19}$$

으로 나타낼 수도 있다.

Technical Notes

1. 스프링보드 다이빙 궤적

루가니스가 스프링보드를 지날 때는 $y=3$이므로, 방정식

$$3=-\frac{1}{2}gt^2+6.4t+4,\ \text{즉}\ -4.9t^2+6.4t+1=0$$

으로부터 이때까지 걸린 시간 t의 값을 구할 수 있다. 즉

$$t=\frac{6.4+\sqrt{6.4^2+4\times4.9\times1}}{2\times4.9}\approx1.45$$

이다.

2. 루가니스의 다이빙 기술동작 시간

루가니스의 다이빙 궤적이 이차함수

$$\begin{aligned} y&=-4.9t^2+6.4t+4 \\ &=-4.9\left(t-\frac{3.2}{4.9}\right)^2+4+4.9\times\left(\frac{3.2}{4.9}\right)^2 \end{aligned}$$

로 나타나므로, $t=0.65$일 때 최대 높이를 가진다. 따라서 루가니스가 최고 정점에서 물에 닿기까지의 시간은 약 1.5초가 걸리고, 이 시간 동안에 루가니스는 비틀기와 회전(공중제비) 동작의 기술을 실시해야 한다. 왜냐하면, 다이빙 경기 규칙 중에 "... 보드나 플랫폼으로부터 비틀기 동작을 해서는 안 된다."가 있기 때문이다. 즉 비틀기에 필요한 회전력을 얻기 위해 보드를 이용해서는 안 된다는 뜻으로, 비틀기는 오로지 정점에서 내려오는 동안 실시해야 한다는 것을 뜻하기 때문이다. 물론 공중제비는 보드의 힘을 이용할 수 있다.

루가니스는 서울올림픽 스프링보드 다이빙에서 $\frac{1}{2}$회전 공중제비와 $3\frac{1}{2}$비틀기를 실시하였다.

3. 각 운동량

평면에서 움직이는 점 $X(t) = (x(t), y(t))$에 대하여

$$x(t) = r(t)\cos\theta(t)$$
$$y(t) = r(t)\sin\theta(t)$$

일 때, 속도는

$$\frac{dx}{dt} = \dot{x}(t) = \dot{r}cos\theta + r\dot{\theta}(-\sin\theta)$$
$$\frac{dy}{dt} = \dot{y}(t) = \dot{r}sin\theta + r\dot{\theta}cos\theta$$

이다. 따라서 가속도는

$$\frac{d^2x}{dt^2} = \ddot{x} = (\ddot{r} - r\dot{\theta}^2)\cos\theta + (2\dot{r}\dot{\theta} + r\ddot{\theta})(-\sin\theta)$$
$$\frac{d^2y}{dt^2} = \ddot{y} = (\ddot{r} - r\dot{\theta}^2)\sin\theta + (2\dot{r}\dot{\theta} + r\ddot{\theta})\cos\theta$$

가 된다.

만약 점 $X(t)$가 뉴턴의 운동방정식

$$F(X(t)) = X(t) = \ddot{X}(t)$$

를 따르면,

$$f(X(t))r = \ddot{r} - r\dot{\theta}^2, \quad 2\dot{r}\dot{\theta} + r\ddot{\theta} = 0$$

을 얻는다. 그런데

$$\frac{d}{dt}\left(\frac{1}{2}r^2\dot{\theta}\right) = \frac{1}{2}r(2\dot{r}\dot{\theta} + r\ddot{\theta}) = 0$$

이므로, 각운동량보존법칙

$$\frac{1}{2}r^2\dot{\theta} = C(\text{상수})$$

이 성립한다.

참고문헌

[1] 김홍종, **미적분학** 1, 서울대학교 출판부(2008)

[2] 김홍종, **미적분학** 2, 서울대학교 출판부(2008)

[3] 존 에릭 고프, **금메달 물리학**, 진선미 역, 양문(2015)

[4] C. Frohlich, Do springboard divers violate angular momentum conservation?, American Journal of Physics, 47(1979), 583 - 592

[5] L. Lewillie, *Research in swimming: Historical and scientific aspects, in Biomechanics and Medicine in Swimming*, ed. P. Hollander, P. A. Huijing and G. de Groot, Human Kinetics Publishers(1983)

[6] H. M. Toussaint, *Performance determining factors in front crawl swimming*, in Biomechanics and Medicine in Swimming, Swimming Science VI, ed. by D. MacLaren, T. Reilly and A. Lees, E & FN Spon(1992)

제8장

농구

8.1 농구 경기

농구경기는 1891년 매사추세츠 주의 YMCA훈련원에서 훈련에 참가한 기업가들의 흥미를 돋우기 위하여 나이스미스(Naismith; 1861 - 1939) 박사에 의해 시작되었다. 훈련 강사로 참여한 나이스미스는 여러 가지 시도 끝에 축구와 미식축구를 결합한 게임을 고안하였는데, 기업가들이 서로 몸이 부딪히는 것을 좋아하지 않는 성향에 맞추기 위하여 사람들 사이의 신체 접촉을 금하고 높은 곳에 있는 골을 이용하도록 하였다. 이것이 사람들의 흥미를 끌어 1920년대에 이르러 농구는 미국의 국기처럼 유행하게 되었다.

<그림 8.1 농구 경기>

[출처 : pixabay.com]

농구 골 바구니는 처음에는 깔때기 모양이었다가, 이것이 1920년, 1930년대에 들어와 천과 가죽 끈으로 된 그물망이 도입되고 공인되었다. 물론 경기의 규칙이나 선수의 위치(position), 경기 방법은 축구나 미식축구가 근간이 되었다. 농구에서 골 바구니의 사용이나 공을 가지고 뛰지 못하게 하는 것은 이들 경기 규칙에서 나온 흔적이다.

농구 경기가 사람들의 흥미를 많이 끄는 것은 누구나 특별한 훈련이 없어도 할 수 있다는 생각과 얼마나 골을 넣었는지 자기 평가를 할 수 있기 때문이다. 또 팀과 선수들의 행동 하나하나를 관중들이 볼 수 있고, 그 행동을 왜하는지 이해할 수 있기 때문이다. 이런 이유로 많은 사람들이 농구 경기에 참여하거나 관람하여 농구는 급성장하게 되었다.

1896년까지는 선수의 위치에 따라, 왼쪽 전위(left forward), 오른쪽 전위(right forward), 왼쪽 중위(left center), 오른쪽 중위(right center), 왼쪽 후위(left back), 오른쪽 후위(right back)와 골 수문장(goalie, goal keeper)이 있어 공격과 수비의 구분이 확연히 드러났다. 그러나 1897년에 몇 개의 위치가 없어지고 지금과 같이 다섯 명이 하는 경기로 바뀌었다. 1923 ~ 1924년 시즌에는 반칙을 범한 경우 상대편에게 자유투를 허용하는 규칙이 적용되어, 이제는 모든 선수가 공격을 할 수 있어야 한다는 생각을 갖게 되었다.

1930년대 초반까지는 요즈음의 공격적 경기보다 경기의 속도가 상당히 느렸다. 따라서 점수가 지금보다 많이 나지 않았다. 그 이유는 지금처럼 시간을 잴 수 있는 시계(stop watch)도 변변치 않아 작전상 시간끌기를 하여도 제지하기가 어려워서 실제 경기 시간도 적은 탓이 있다. 이런 이유로 시간끌기를 방지하고 경기를 빠르게 진행하기 위해 다음과 같은 경기 규칙이 제정되게 되었다.

① 1923~1924년에는 자신의 코트에서 잡은 공은 10초 안에 센터라인을 넘어야 한다.

② 1932년까지는 선수가 원하는 만큼 오랫동안 공을 요리조리 앞뒤로 가지고 있을 수 있었지만, 그 이후에는 3초 - 룰을 적용하였다.

③ 1935~1936년 시즌부터 상대방의 반칙으로부터 얻은 자유투가 골인된 후에는 골 바구니 밑의 OB에서 경기를 시작한다.

④ 1937~1938부터는 공(field goal)이 골인하고 난 후 센터 점프를 하지 않는다.

공을 튀기는 드리블(dribble)은 처음에는 상대방을 피하는 목적으로 중요하게 이용되다가 점점 공격적인 기술로 바뀌게 되었다. 실제로 1902년부터 1915년까지는 드리블 후에 슛이 허용되지 않았으나, 1915년에야 지금처럼 규칙이 바뀌면서 드리블이 중요한 요소로 떠올랐다. 요즈음은 패스를 많이 하여 상대방의 방어를 피하지만 드리블을 어떻게 응용하느냐가 팀의 승패에 중요한 영향을 끼친다.

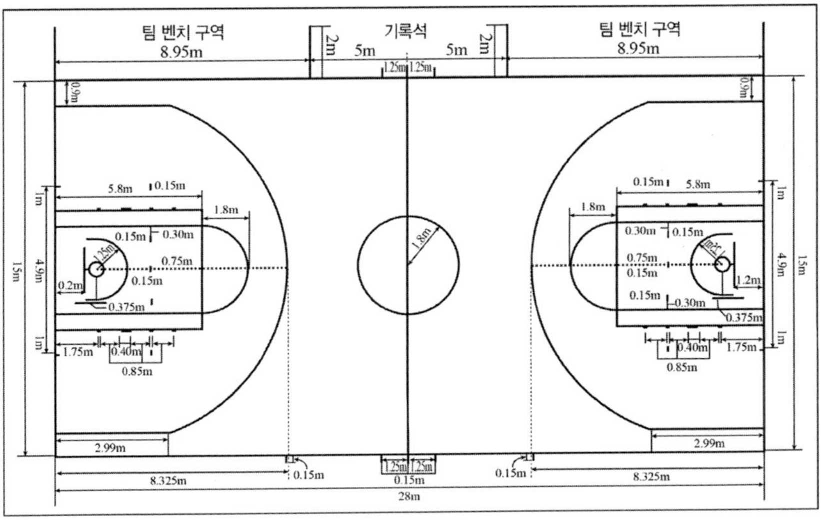

<그림 8.2 농구장 규격>

[출처 : 한국농구연맹]

공을 슛하는 방법에는 많은 변화가 있었다. 농구 경기가 개발된 초기에는 축구의 사이드라인에서 공을 던지는 것처럼 머리 위나 가슴에서 공을 던지거나, 야구에서 공을 던지는 것처럼 공을 던졌다. 그러나 야구에서처럼 던지는 것은 그다지 성공적이지 못하였기 때문에, 선수들은 두 손으로 밑에서 던지는 기술(under hand throw)을 개발하였다. 이 방법은 요즈음도 힘이 약한 어린 선수에게 적용되는 방법이기도 하다. 1915 ~ 1925년 시즌 동안에는 언더 핸드 슛이 효과적이었으나, 수비가 슈터에 가까이 근접하여 어려움을 겪자 공격자는 눈속임(fake) 동작을 개발하였다. 또 중장거리 슛인 경우에는 보드를 이용하는 방법도 개발하게 되었다. 물론 보드를 이용하는 경우에는 공의 회전을 고려하여야 하는데, 이를 돕기 위해 사각형이나 부채꼴 모양의 표식을 해두고 있다. 그러나 한손을 이용하는 경우가 많아짐에 따라, 공의 회전이 적어지고, 보드를 이용하는 것보다는 골 바구니의 틀을 이용하게 되었다. 그렇다고 해서 보드가 이용되지 않는다는 것은 물론 아니다.

8.2 공의 회전

농구의 슈팅에서 손바닥으로 공을 던지는 것보다는 손목과 손가락을 이용하여 던지는 경우가 훨씬 많다. 그 이유는 손가락으로 던지는 것이 공의 방향이나 속도를 조절하기 쉽고, 손목을 이용하여 자연스럽게 공의 회전 특히 공을 뒤로 돌게 하는 회전(뒤로 돌리기, backspin)을 걸 수 있기 때문이다. 뒤로 돌리기를 이용하면 골이 잘 들어가는데 그 이유는 운이 좋아서가 아니라 다음과 같은 물리적 현상이 일어나기 때문이다.

우리가 공을 던질 때 다음과 같이 초기에 (1) 회전이 없는 경우, (2) 앞 회전이 있는 경우, (3) 뒤 회전이 있는 경우를 생각할 수 있다. 이 모든 경우 공이 평면에 부딪힐 때 공의 표면과 평면 사이에는 마찰이 일어나고, 이 마찰이 공의 진행 방향과 회전에 영향을 미치게 된다. 이 과정에서 에너지의 변화가 일어나고 전체 운동에너지의 손실이 발생한다.

(1)과 같이 초기에 공을 회전시키지 않고 던지는 경우에는, <그림 8.3>과 같이 마찰력 F가 진행방향과 반대방향으로 작용한다. 이 마찰력이 무게중심을 중심으로 하는 회전력을 유발하여 공이 각운동량을 가지도록 만들어 준다. 따라서 공은 진행방향의 에너지를 잃고 회전운동에너지는 증가하게 된다. 그러므로 공의 진행방향의 속력은 줄고 앞으로 회전하며 튀어 오를 것을 기대하게 된다.

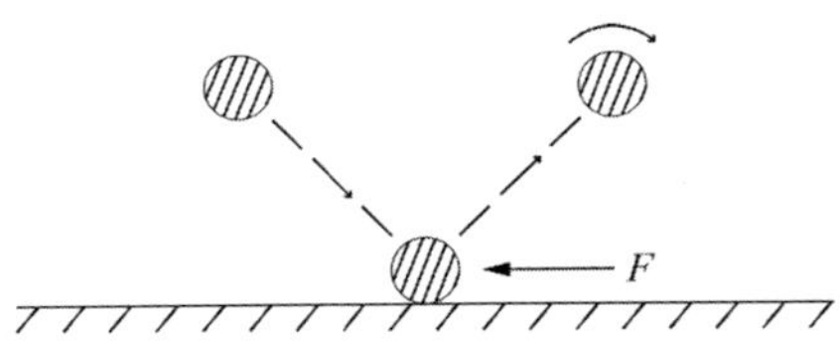

<그림 8.3 공의 회전이 없는 경우>

(2)와 같이 초기에 반지름이 R인 공을 각속도가 ω가 되도록 앞으로 회전시키며 던졌을 때, 공의 회전속도($v = R\omega$)는 공의 수평 방향의 속도(v_x)와 반대 방향이 된다. 회전속도가 수평 속도보다 충분히 크면, 마찰력 F가 공의 진행방향으로 작용하게 되어 공의 수평방향의 속도를 증가시키고 각운동량을 감소하게 만든다. 따라서 <그림 8.4>에서와 같이 공은 속도를 얻게 되고 입사각보다 작은 각으로 반사되어 나아간다.

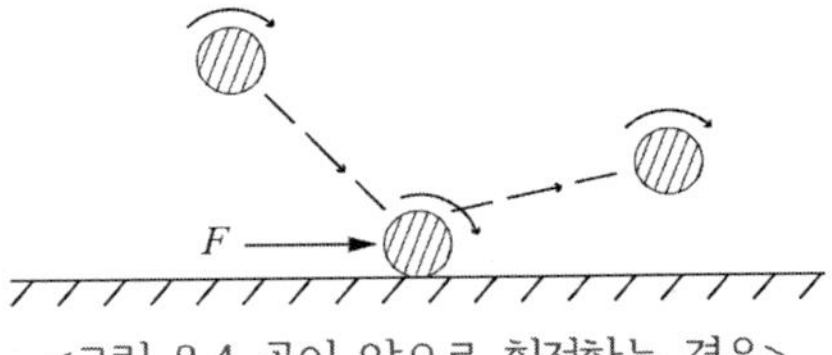

<그림 8.4 공이 앞으로 회전하는 경우>

(3)과 같이 초기에 공을 뒤로 돌리기를 하여 던지면, 앞의 두 경우보다는 상대적으로 큰 마찰력 F가 공의 진행방향과 회전방향에 반대 방향으로 작용한다. 따라서 <그림 8.5>에서와 같이 공의 진행 방향의 속도와 회전속도를 감소시켜 입사각보다 큰 반사각을 가지고 위로 튀어 오른다. 심지어 어떤 경우에는 공의 처음 진행 방향과 반대 방향으로 움직이기도 한다(이런 경우를 우리는 탁구에서 백스핀을 주었을 때 자주 본다).

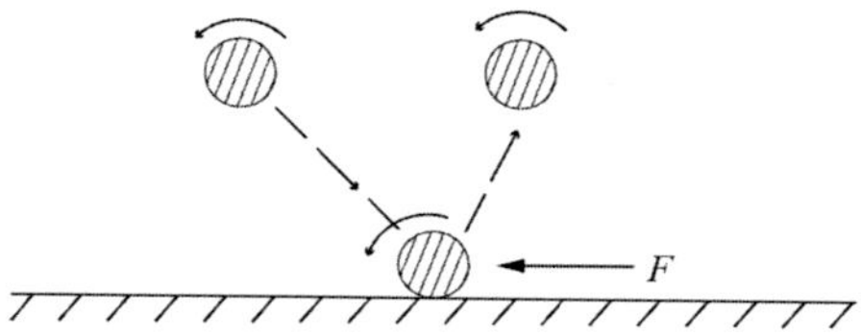

<그림 8.5 공이 뒤로 회전하는 경우>

이제 위와 같은 작용을 좀 더 자세히 알아보자. 아래 <그림 8.6>과 같이 공의 수평 방향의 초기속도를 v_0, 초기 각속도를 ω_0라 하고, 공이 바닥에서 튀어 오른 다음의 수평 방향의 속도를 v_f, 각속도를 ω_f라 하자. 여기서 공은 완전 탄성체이고 바닥에서 미끄러지지는 않는다고 가정하자. 즉

$$v_f = R\omega_f \tag{8.1}$$

라고 가정하자.

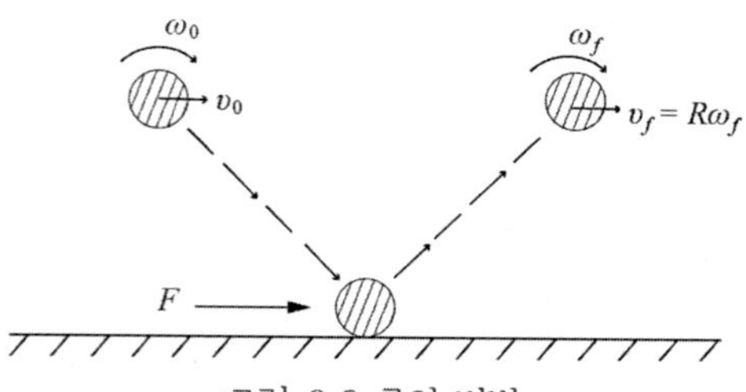

<그림 8.6 공의 반발>

그러면 시간 Δt 동안의 수평방향으로의 운동량과 각운동량은 각각

$$F\Delta t = \Delta(mv_x) = m(v_f - v_0) \tag{8.2}$$

$$FR\Delta t = \Delta(I\omega) = \frac{2}{3}mR^2(\omega_0 - \omega_f) \tag{8.3}$$

이다. 위의 두 식에서 $F\Delta t$를 소거하면

$$v_f = v_0 + \frac{2}{3}R(\omega_0 - \omega_f) \tag{8.4}$$

을 얻는다. 그런데 공이 미끄러지지 않는다고 가정하면, 즉 $v_f = R\omega_f$라고 가정하면, 진행 방향의 운동에너지, 회전 에너지, 전체 에너지의 변화량은 각각

$$\Delta KE_{trans} = \frac{1}{2}mv_f^2 - \frac{1}{2}mv_0^2 \tag{8.5}$$

$$\Delta KE_{rot} = \frac{1}{2}I\omega_f^2 - \frac{1}{2}I\omega_0^2 \tag{8.6}$$

$$\Delta KE_{tot} = \Delta KE_{trans} + \Delta KE_{rot} \tag{8.7}$$

와 같다. 여기서 $I = \frac{2}{3}mR^2$은 공의 각운동량을 나타낸다.

위의 내용을 정리하면 다음 표와 같다.

표 8.1 회전에 따른 에너지 변화

	ΔKE_{trans}	ΔKE_{rot}	ΔKE_{total}
무회전	$-\frac{8m}{25}v_0^2$	$\frac{3m}{25}v_0^2$	$-\frac{m}{5}v_0^2$
앞으로 돌기	$-\frac{2m}{25}(4v_0^2 - 3R\omega_0 v_0 - R^2\omega_0^2)$	$\frac{m}{25}(3v_0^2 + 4R\omega_0 v_0 - 7R^2\omega_0^2)$	$-\frac{m}{5}(v_0 - R\omega_0)^2$
뒤로 돌기	$-\frac{2m}{25}(4v_0^2 + 3R\omega_0 v_0 - R^2\omega_0^2)$	$\frac{m}{25}(3v_0^2 - 4R\omega_0 v_0 - 7R^2\omega_0^2)$	$-\frac{m}{5}(v_0 + R\omega_0)^2$

위의 표를 볼 때, 뒤로 돌기가 있는 경우가 다른 두 가지 경우보다 진행방향의 운동량이나 각운동량이 적은 것을 알 수 있다. 이런 이유로

뒤로 돌기가 있는 슛은 다른 두 가지 경우보다 골 바구니 주위에서 보다 부드럽게 움직여 골을 만들 수 있다.

8.3 공의 궤적과 슈팅

던진 농구공이 어떻게 날아가는지 알아보자. <그림 8.7>과 같이 처음 던지는 속도를 v_0, 지면과 이루는 각을 θ_0라 하면, 수평방향의 속도 v_x와 수직방향의 속도 v_y는

$$v_x = v_0\cos\theta_0$$
$$v_y = v_0\sin\theta_0 - gt$$

로 나타난다. 따라서 t초 동안 공이 날아간 거리 x와 높이 y는

$$x = v_0\cos\theta_0 \cdot t \tag{8.8}$$

$$y = v_0\sin\theta_0 \cdot t - \frac{1}{2}gt^2 \tag{8.9}$$

이다. 여기서 g는 중력가속도를 나타낸다.

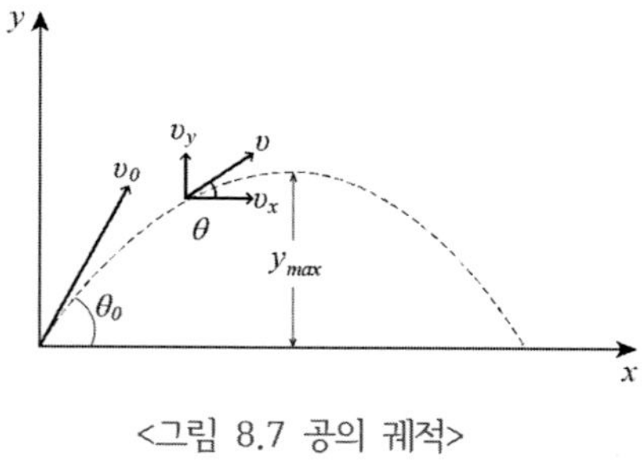

<그림 8.7 공의 궤적>

또 날아가는 농구공이 지면과 이루는 각을 θ라 하면

$$\tan\theta = \frac{v_y}{v_x} = \tan\theta_0 - \frac{gt}{v_0\cos\theta_0} \tag{8.10}$$

로 나타난다. 이것을 x, y를 이용하여 나타내면

$$\tan\theta = \frac{2y}{x} - \tan\theta_0 \tag{8.11}$$

$$v_0^2 = \frac{gx}{2\cos^2\theta_0(\tan\theta_0 - y/x)} \tag{8.12}$$

와 같다.

한편 공이 가장 높은 위치에 있을 때는 수직방향의 속도가 0일 때, 즉

$$v_y = 0 \text{ 또는 } \tan\theta = 0$$

일 때이다. 이때는 공을 던진 후

$$t = \frac{v_0\sin\theta_0}{g}$$

일 때 이므로, 공의 최대 높이 $y_{\max}$는

$$\begin{aligned} y_{\max} &= v_0\sin\theta_0 \times \frac{v_0\sin\theta_0}{g} - \frac{1}{2}g \times \left(\frac{v_0\sin\theta_0}{g}\right)^2 \\ &= \frac{v_0^2\sin^2\theta_0}{2g} \end{aligned} \tag{8.13}$$

임을 알 수 있다.

위의 식 (8.8) ~ (8.13)은 공이 날아가는 동안 공이 받는 공기의 저항을 고려하지 않은 것이다. 그렇지만 농구 경기는 대개 실내에서 이루어질 뿐만 아니라 슛한 공이 날아가는 시간이 채 1초가 안될 정도로 짧으므로, 공기의 저항을 무시해도 될 것이다.

이제 공이 골에 들어가려면 어떻게 공을 던져야 하는지를 알아보자. 다음 <그림 8.8>은 슈터가 공을 던질 때의 위치와 골대의 위치를 나타낸 그림이다. 따라서 공이 골의 중심을 지난다고 가정하면, 우리는 공의 초기속도 v_0와 각 θ_0가 다음의 관계를 가지도록 던져야 한다.

$$v_0^2 = \frac{gL}{2\cos^2\theta_0(\tan\theta_0 - h/L)} \tag{8.14}$$

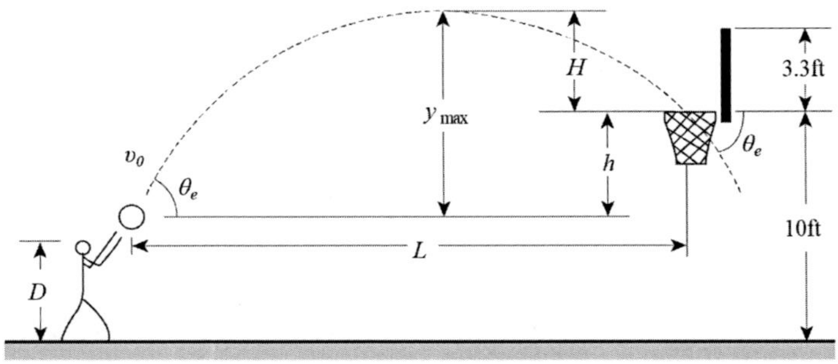

<그림 8.8 공의 슈팅>

슈터가 공을 던지는 각의 크기 θ_0를 재는 것은 쉽지 않다. 그러나 <그림 8.8>에서와 같이, 골대로부터 공의 최대 높이를 H라 하면

$$H = y_{\max} - h = \frac{v_0^2 \sin^2\theta_0}{2g} - h \tag{8.15}$$

이므로

$$\tan\theta_0 = \frac{2}{L}(H+h)\left(1 + \sqrt{\frac{H}{H+h}}\right) \tag{8.16}$$

가 됨을 알 수 있다.

이제 선수의 위치가 정해지면, 즉 h, L이 정해지면 최소한 어떤 각도로 공을 던져야 골에 들어갈 수 있을까? 이 물음에 대한 답은 v_0가 θ_0의 함수이므로, 식 (8.14)로 부터 방정식

$$\frac{dv_0}{d\theta_0} = 0$$

의 해를 구하는 것과 같다. 이 방정식의 해를 θ_{0m}이라 하면 우리는

$$\tan\theta_{0m} = \frac{h}{L} + \sqrt{1 + \frac{h^2}{L^2}} \tag{8.17}$$

을 얻는다. 따라서 이때의 속도는

$$v_{0m}^2 = gL\tan\theta_{0m} = g(h + \sqrt{h^2 + L^2}) \tag{8.18}$$

가 되어야 한다.

공이 링 안으로 테두리를 건드리지 않고 쏙 들어가는 입사각을 θ_e라 하면, 식 (8.11)로부터

$$\tan\theta = \tan(-\theta_e) = -\tan\theta_e = \frac{2h}{L} - \tan\theta_0$$

이므로

$$\tan\theta_e = \tan\theta_0 - \frac{2h}{L} \tag{8.19}$$

을 만족하여야 한다.

8.4 슛의 각도와 속도의 범위

앞에서는 농구공의 중심이 바구니의 중심을 지나면서 골 안으로 쏙 들어가는 경우에 다루었다. 그러나 골을 만들기 위해서 꼭 그럴 필요는 없다. 공이 골대의 테두리에 맞고 들어 갈 수도 있기 때문이다. 그렇다면 초기 속도나 각도에 대해 얼마만한 여유가 있는지 알아보자.

공식적으로는 골 바구니의 지름이 18인치이고 공의 둘레는 $29\frac{1}{2}$인치에서 30인치 사이이어야 한다. 다시 말해 공의 지름은 약 9.5인치이므로 골 바구니의 지름의 약 반이다. 따라서 골이 되기 위해서 공이 반드시 골대의 중심을 지날 필요는 없다. 그렇지만 적어도 공의 표면이 바구니 테두리 안쪽을 지나도록 하여야 한다.

❶ 각도의 허용 범위

<그림 8.9>에서와 같이

D_r : 골 바구니의 지름(1.5 ft)

D_b : 공의 지름(0.79 ft)

R_b : 공의 반지름

$\overline{C'C}$: 입사각 θ_e을 가지고 바구니의 중심을 지나도록 공의 중심이 움직이는 자취

$\overline{A'A}$: $\overline{C'C}$와 평행하며 골의 중심에서 ΔL만큼 떨어진 공의 중심의 자취로 공의표면이 링에 접하도록 하는 직선

$\overline{B'B}$: $\overline{A'A}$와 같은 직선으로 링의 뒤에 접하는 공의 중심의 자취

$\overline{FG}, \overline{AE}$: $\overline{A'A}$, $\overline{B'B}$, $\overline{C'C}$와 수직인 선분

이라 하자.

삼각비를 이용하면

$$\overline{FG} = D_r \sin\theta_e$$

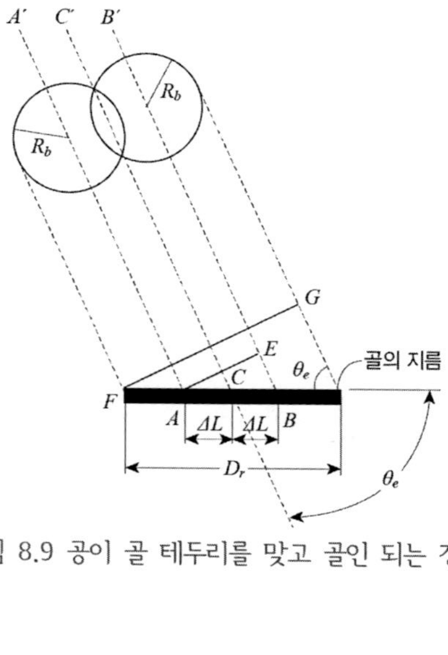

<그림 8.9 공이 골 테두리를 맞고 골인 되는 경우>

$$\overline{AE} = \overline{FG} - 2R_b = D_r \sin\theta_e - D_b$$

$$\overline{AB} = 2\Delta L = \frac{\overline{AE}}{\sin\theta_e}$$

이다. 따라서

$$\Delta L = \frac{1}{2}\left(D_r - \frac{D_b}{\sin\theta_e}\right)$$

을 얻는다. 즉, 골로부터 L인 거리에서 슛을 할 때 공이 깔끔하게 골 안으로 쏙 들어갈 범위는 $\pm \Delta L$이라는 것이다.

예를 들어 공의 중심이 골의 중심을 지날 때는 $\Delta L = 0$이므로

$$\sin\theta_e = \frac{D_r}{D_b} = \frac{0.79}{1.5} = 0.53$$

이고, 삼각함수의 표에 의하여

$$\theta_e = 32°$$

를 얻는다. 따라서 공이 깔끔하게 들어가기 위해서는 적어도 $\theta_e = 32°$가 되어야 한다. 그러나 골이 항상 깔끔하게 들어간다고는 할 수 없으므로, 거리가 L인 지점에서 슛을 하는 최소한의 각도 θ_{0L}은 관계식

$$\tan\theta_{0L} = \tan 32^0 + \frac{2h}{L} = 0.62 + \frac{2h}{L} \tag{8.20}$$

을 만족하여야 한다.

❷ 속도의 허용 범위

앞에서 우리는 공을 쏘는 각도가

$$\theta_{0L} \le \theta_0 < 90°$$

이어야 한다는 것을 알아보았다. 이렇게 공을 쏘는 각도가 정해지면, 슛을 하는 속도는 어느 정도의 범위에 있어야 하는가를 알아보자.

먼저 공의 중심이 골 바구니의 중심을 통과하도록 정확한 각도 θ_0로 던진다고 가정하고, 이때의 정확한 속도 v_0에 대하여 얼마만한 오차 범위에서 던져도 되는가를 알아보자. 다시 말하면 아래 <그림 8.10>과 같이 슛을 하는 각도가 θ_0일 때, 속도의 범위 $v_0 \pm \Delta v$를 구하면 된다.

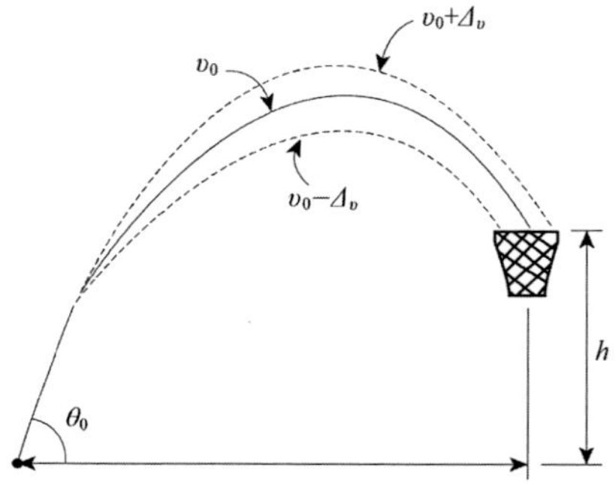

<그림 8.10 속도의 허용 범위>

골로부터 L만큼 떨어진 곳에서 공을 던질 때, 공의 초기 속도 v_0와 각 θ_0 사이에는 식 (8.14)로부터

$$v_0^2 = \frac{gL}{2\cos^2\theta_0(\tan\theta_0 - h/L)}$$

인 관계가 성립한다. 슈터로부터 골까지의 거리가

$L+\Delta L$인 경우의 속도를 $v_+ = v_0 + \Delta v_+$

$L-\Delta L$인 경우의 속도를 $v_- = v_0 - \Delta v_-$

라 하면, 대체적으로

$$\Delta v_+ = \Delta v_-$$

이므로

$$\Delta v = \Delta v_+ = \Delta v_-$$

가 된다.

❸ 각의 허용 범위

한편 v_0의 속도로 정확하게 던질 때, 허용되는 각의 크기를 $\theta_0 \pm \Delta\theta_{\pm}$로 나타내자. 이때 공을 던지는 각의 크기가 $\theta_0 - \Delta\theta_{-}$와 $\theta_0 + \Delta\theta_{+}$ 사이일 때의 거리를 각각 $L-\Delta L$, $L+\Delta L$이라고 하면, 다음 <그림 8.11>과 같은 경우가 생길 수 있다.

따라서 $\Delta\theta_{-}$와 $\Delta\theta_{+}$를 구하기 위하여 관계식

$$v_0^2 = \frac{gL}{2\cos^2\theta_0(\tan\theta_0 - h/L)}$$

를 사용할 수 있으나, 이를 구하는 것은 Δv를 구하는 것보다 훨씬 복잡하다.

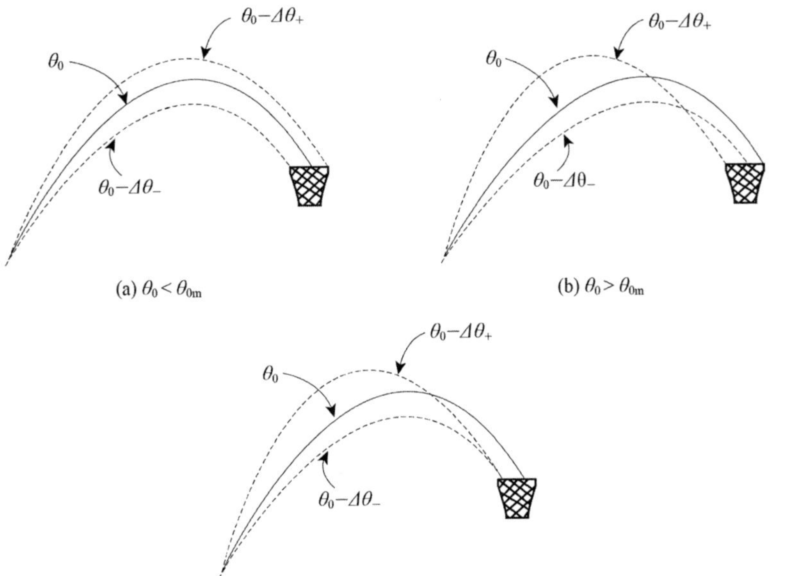

(a) $\theta_0 < \theta_{0m}$ (b) $\theta_0 > \theta_{0m}$ (c) $\theta_0 = \theta_{0m}$

<그림 8.11 각도의 허용 범위>

❹ 측면 오차의 허용 범위

공이 골이 되기 위해서는 공의 중심이 골 바구니의 중심으로부터

$$R_r - R_b = 0.36(\mathrm{ft})$$

보다 멀어져서는 안 된다. 여기서 R_r은 골의 반지름이다. 따라서 공을 던질 때 옆으로 허용되는 각의 크기를 $\Delta\psi$라고 하면, 피타고라스 정리와 삼각비를 이용하여

$$\tan\Delta\psi = \frac{0.36}{\sqrt{h^2 + L^2}} \tag{8.21}$$

이어야 한다는 것을 알 수 있다.

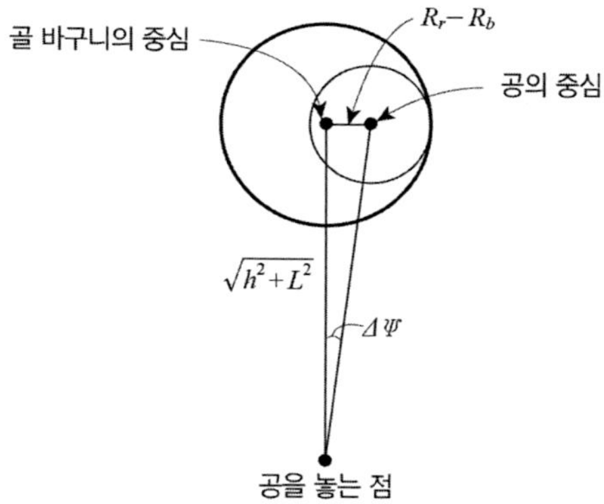

<그림 8.12 공과 바구니의 중심과 슈터의 위치>

Technical Notes

1. 공의 각운동량

좌표공간에서 질량이 m인 움직이는 점 $X(t)=(x(t),\,y(t),\,z(t))$의 각운동은

$$X(t)\times(mX'(t))=m\begin{vmatrix}\vec{i} & \vec{j} & \vec{k}\\ x & y & z\\ \dot{x} & \dot{y} & \dot{z}\end{vmatrix}$$
$$=m[(y\dot{z}-\dot{y}z)\vec{i}+(\dot{x}z-x\dot{z})\vec{j}+(x\dot{y}-\dot{x}y)\vec{k}]$$

로 주어진다. 여기서 $\vec{i},\vec{j},\vec{k}$는 각각 x,y,z 방향으로의 기본벡터이다. 그런데 공의 위에 있는 점의 위치는

$$x(t)=R\cos\theta(t)\sin\phi(t)$$
$$y(t)=R\sin\theta(t)\sin\phi(t)$$
$$z(t)=R\cos\phi(t)$$

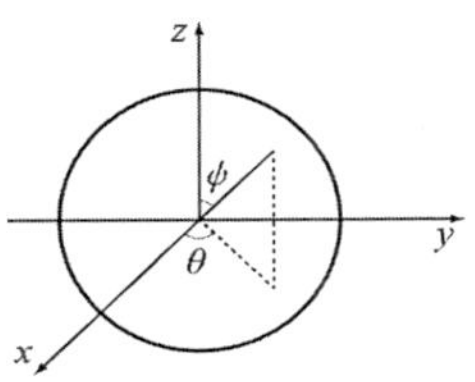

로 나타나므로, 공의 각운동량은 $\frac{2}{3}mR^2\dot{\theta}=\frac{2}{3}mR^2\omega$가 된다.

2. 코사인법칙

벡터의 내적을 이용하여 삼각형의 세 변 사이의 관계를 알아보자. 삼각형 OAB에서 $\vec{a}=\overrightarrow{OA}$, $\vec{b}=\overrightarrow{OB}$라고 하면 $\overrightarrow{BA}=\vec{a}-\vec{b}$가 된다. $\angle AOB=\theta$라 할 때 벡터 $\vec{a}-\vec{b}$의 크기는 다음과 같다.

$$|\vec{a}-\vec{b}|^2=(\vec{a}-\vec{b})\cdot(\vec{a}-\vec{b})$$
$$=\vec{a}\cdot\vec{a}-\vec{a}\cdot\vec{b}-\vec{b}\cdot\vec{a}+\vec{b}\cdot\vec{b}$$
$$=|\vec{a}|^2+|\vec{b}|^2-2\vec{a}\cdot\vec{b}$$
$$=|\vec{a}|^2+|\vec{b}|^2-2|\vec{a}||\vec{b}|\cos\theta$$

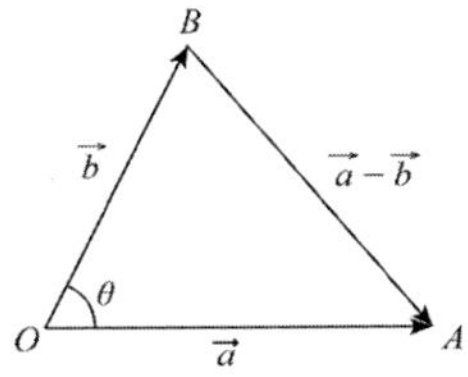

따라서 삼각형 OAB의 세 변의 길이 사이에는 다음과 같은 관계가 성립한다.

$$\overline{AB}^2 = \overline{OA}^2 + \overline{OB}^2 - 2\overline{OA}\cdot\overline{OB}\cos\theta \qquad ①$$

식 ①은 $\theta = 90°$인 경우

$$\overline{AB}^2 = \overline{OA}^2 + \overline{OB}^2$$

이 되어 피타고라스 정리가 된다.

3. 삼각함수의 덧셈 정리

두 각 α, β의 차 $\alpha-\beta$의 삼각함수를 각 α, β의 삼각함수를 사용하여 나타내는 방법에 대하여 알아보자.

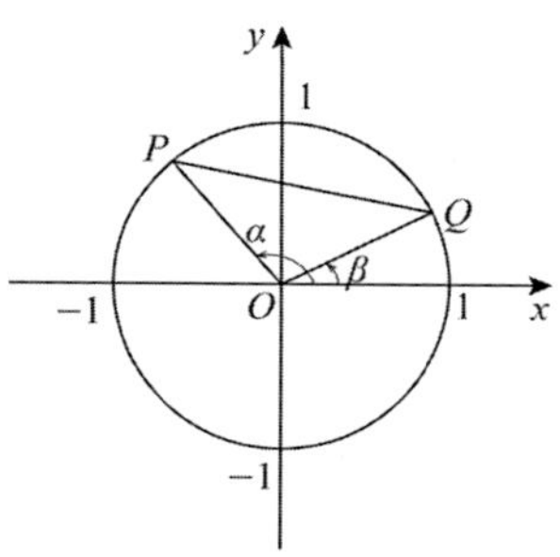

위의 그림과 같이 두 각 α, β를 나타내는 동경이 단위원 O와 만나는 점을 각각 P, Q라고 하면

$$P(\cos\alpha, \sin\alpha), \quad Q(\cos\beta, \sin\beta)$$

이고, $\angle POQ = \alpha - \beta$이다.

이때 삼각형 POQ에서 코사인법칙에 의하여

$$\overline{PQ}^2 = \overline{OP}^2 + \overline{OQ}^2 - 2\overline{OP}\cdot\overline{OQ}\cos(\alpha-\beta) \qquad ①$$

이다.

그런데 두 점 P, Q 사이의 거리를 구하는 공식에서

$$\begin{aligned}\overline{PQ}^2 &= (\cos\alpha - \cos\beta)^2 + (\sin\alpha - \sin\beta)^2 \\ &= 2 - 2(\cos\alpha\cos\beta + \sin\alpha\sin\beta)\end{aligned}$$

이고

$$\overline{OP} = \overline{OQ} = 1$$

이므로, 이것을 ①에 대입하여 정리하면

$$2 - 2(\cos\alpha\cos\beta + \sin\alpha\sin\beta) = 2 - 2\cos(\alpha - \beta)$$

이다. 따라서

$$\cos(\alpha - \beta) = \cos\alpha\cos\beta + \sin\alpha\sin\beta \qquad ②$$

이다.

또한 공식 ②는 임의의 각 α, β에 대하여 성립하므로 β 대신 $-\beta$를 대입하면

$$\cos[\alpha - (-\beta)] = \cos\alpha\cos(-\beta) + \sin\alpha\sin(-\beta)$$

가 성립한다. 따라서

$$\cos(\alpha + \beta) = \cos\alpha\cos\beta - \sin\alpha\sin\beta \qquad ③$$

이다.

삼각함수의 성질

$$\sin\left(\alpha + \frac{\pi}{2}\right) = \sin\alpha, \qquad \cos\left(\alpha + \frac{\pi}{2}\right) = -\sin\alpha$$

을 이용하면, 다음과 같은 삼각함수의 덧셈 정리를 얻을 수 있다.

$$\sin(\alpha + \beta) = \sin\alpha\cos\beta + \cos\alpha\sin\beta$$
$$\cos(\alpha + \beta) = \cos\alpha\cos\beta - \sin\alpha\sin\beta$$
$$\tan(\alpha + \beta) = \frac{\tan\alpha + \tan\beta}{1 - \tan\alpha\tan\beta}$$

4. 삼각함수의 미분

사인함수의 도함수를 구하기 위해서는 극한값

$$\lim_{h\to 0}\frac{\sin(x+h)-\sin x}{h}$$

를 구해야 한다. 사인의 덧셈정리에 의하여

$$\begin{aligned}\frac{\sin(x+h)-\sin x}{h}&=\frac{\sin x\cos h+\cos x\sin h-\sin x}{h}\\&=\frac{\sin x\cdot(\cos h-1)+\cos x\sin h}{h}\\&=\frac{\sin x\cdot(\cos h-1)(\cos h+1)}{h(\cos h+1)}+\frac{\cos x\sin h}{h}\\&=\frac{\sin x\cdot(\cos^2 h-1)}{h(\cos h+1)}+\frac{\cos x\sin h}{h}\\&=\frac{\sin x\cdot(-\sin^2 h)}{h(\cos h+1)}+\frac{\cos x\sin h}{h}\\&=\frac{\sin h}{h}\left(\frac{-\sin x\sin h}{\cos h+1}+\cos x\right)\end{aligned}$$

이다. 따라서 다음을 얻는다.

$$\begin{aligned}(\sin x)'&=\lim_{h\to 0}\frac{\sin(x+h)-\sin x}{h}\\&=\lim_{h\to 0}\frac{\sin h}{h}\left(\frac{-\sin x\sin h}{\cos h+1}+\cos x\right)\\&=\cos x\end{aligned}$$

마찬가지로 코사인의 덧셈정리를 이용하면 다음을 얻는다.

$$\begin{aligned}(\cos x)'&=\lim_{h\to 0}\frac{\cos(x+h)-\cos x}{h}\\&=\lim_{h\to 0}\frac{\cos(x+h)-\cos x}{h}\\&=\lim_{h\to 0}\frac{\cos x\cdot(\cos h-1)-\sin x\sin h}{h}\end{aligned}$$

$$= \lim_{h \to 0} \left\{ \frac{\cos x \cdot (\cos h - 1)(\cos h + 1)}{h(\cos h + 1)} - \frac{\sin x \sin x}{h} \right\}$$
$$= \lim_{h \to 0} \left\{ \frac{\cos x \cdot (-\sin^2 h)}{h(\cos h + 1)} - \frac{\sin x \sin x}{h} \right\}$$
$$= \lim_{h \to 0} \frac{\sin h}{h} \left(\frac{-\cos x \sin h}{\cos h + 1} - \sin x \right)$$
$$= -\sin x$$

5. 공을 던지는 최소의 각 θ_{0m}

처음 던질 때의 속도는

$$v_0 = \frac{\sqrt{gL}}{\sqrt{2\cos^2\theta_0(\tan\theta_0 - h/L)}}$$

이므로, 몫의 미분법을 사용하면

$$\frac{dv_0}{d\theta_0} = -\sqrt{gL}\frac{-4\cos\theta_0\sin\theta_0(\tan\theta_0 - h/L) + 2\cos^2\theta_0(1 + \tan^2\theta_0)}{2[2\cos^2\theta_0(\tan\theta_0 - h/L)]^{3/2}}$$

조건 $\frac{dv_0}{d\theta_0} = 0$으로부터 방정식

$$-4\cos\theta_0\sin\theta_0(\tan\theta_0 - h/L) + 2\cos^2\theta_0(1 + \tan^2\theta_0) = 0$$

을 얻고, 양변을 $\cos\theta_0$로 나눈 다음 정리하면

$$\tan^2\theta_0 - \frac{2h}{L}\tan\theta_0 - 1 = 0$$

을 얻는다.

위 방정식은 $\tan\theta_0$에 대한 이차방정식이므로 근의 공식을 이용하면

$$\tan\theta_0 = \frac{h}{L} \pm \sqrt{(h/L)^2 + 1}$$

이다.

6. 공을 던질 때 처음 속도

속도와 각도 사이의 관계식

$$v_0^2 = \frac{gL}{2\cos^2\theta_0(\tan\theta_0 - h/L)}$$

에

$$\tan\theta_{0m} = \frac{h}{L} + \left(1 + \frac{h^2}{L^2}\right)^{1/2}$$

를 대입하면

$$v_{0m}^2 = \frac{gL}{2\cos^2\theta_{0m}(1 + h^2/L^2)^{1/2}}$$

을 얻는다. 그런데 피타고라스 정리에 의해

$$\cos\theta_{0m} = \frac{1}{\sqrt{1 + \tan^2\theta_{0m}}}$$

이므로, 이 식을 대입하여 정리하면

$$v_{0m}^2 = gL\tan\theta_{om} = g[h + (h^2 + L^2)^{1/2}]$$

을 얻는다.

7. $\Delta v_+ \approx \Delta v_-$

관계식 $v_0^2 = \dfrac{gL}{2\cos^2\theta_0(\tan\theta_0 - h/L)}$ 으로부터

$$(v_0 + \Delta v_+)^2 = \frac{g(L + \Delta L)}{2\cos^2\theta_0(\tan\theta_0 - h/(L + \Delta L))}$$

$$(v_0 - \Delta v_+)^2 = \frac{g(L - \Delta L)}{2\cos^2\theta_0(\tan\theta_0 - h/(L - \Delta L))}$$

이다.

왼쪽을 전개하여 변끼리 빼면

$$2v_0(\Delta v_+ - \Delta v_-) = \frac{g(L+\Delta L)}{2\cos^2\theta_0(\tan\theta_0 - h/(L+\Delta L))} - \frac{g(L-\Delta L)}{2\cos^2\theta_0(\tan\theta_0 - h/(L-\Delta L))}$$

을 얻는다.

이제 오른쪽을 통분한 다음

$$\frac{h}{L-\Delta L} = \frac{h}{L} \times \frac{1}{1-\Delta L/L} = \frac{h}{L}\left\{1 + \frac{\Delta L}{L} + \left(\frac{\Delta L}{L}\right)^2 + \cdots\right\}$$

와 $\Delta L/L$은 무시할 수 있을 만큼 작은 값이라는 것을 이용하면

$$\Delta v_+ \approx \Delta v_-$$

를 얻는다.

참고문헌

[1] 김홍종, **미적분학** 1, 서울대학교 출판부(2008)

[2] 김홍종, **미적분학** 2, 서울대학교 출판부(2008)

[3] 정상권, 이재학, 박혜숙, 홍진곤, 박부성, 김정배, 김상훈, 김윤희, 우혜영, **고등학교 수학** II, 금성출판사(2010)

[4] 정상권, 이재학, 박혜숙, 홍진곤, 박부성, 최홍원, 민진원, 김호경, **고등학교 기하와 벡터**, 금성출판사(2014)

[5] P. Brancazio, *Physics of basketball*, American Journal of Physics, 49(1981), 356－365

[6] J. M. Cooper and D. Siedentop, *The theory and science of basketball*, Lea & Febiger(1969)

[7] S. Miller and R. Bartlett, *The effects of increased shooting distance in the basketball jump shot*, Journal of Sports Science, 11(1993), 285－293

[8] S. Miller and R. Bartlett, *The relationship between basketball shooting kinematics, distance and playing position*, Journal of Sports Science, 14(1996), 243－253

제9장 야구

9.1 야구장

야구 전용 구장이 아닌 야구장은 보통 담장(펜스)이 없다. 우리는 대개 이런 조건 아래에서 야구를 즐긴다. 원래 야구장은 담장이 없는 곳에서 시작했다. 그러던 것이 입장료를 받아 수입을 챙길 수 있다는 스포츠 마케팅적인 생각과 관중의 동원이나 접근성을 고려하여 비싼 땅에 야구장을 건설하게 됨으로서 담장을 치기 시작했다. 이것이 요즈음의 야구 전용구장이다.

<그림 9.1 야구장>

[출처 : wikipedia.org]

야구장의 규격은 홈에서 1루까지, 1루에서 2루까지, 2루에서 3루까지, 3루에서 본루(홈)까지의 다이아몬드 형으로 다음 <그림 9.2>와 같이 설계되어 있다.

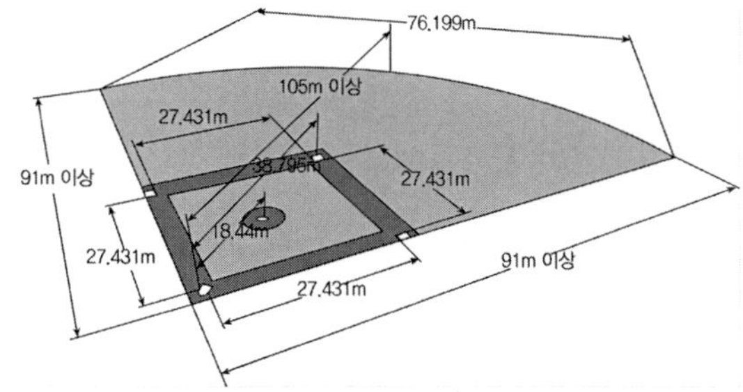

<그림 9.2 야구장 규격>

투수와 홈플레이트 사이의 거리는 18.47m이고, 본루보다 25.4cm(10인치) 높은 곳에 투수판을 놓고 투수판 앞 15.2cm(6인치)되는 곳에서 홈플레이트 쪽으로 182.8cm(6피트)까지 30.5cm(1피트)당 2.54cm(1인치) 낮아지도록 만든다. 홈플레이트는 5각형의 고무판으로 표시하는데, 이 5각형을 만들 때에는 먼저 한 변이 17인치(43.2cm)인 정사각형을 그리고 43.2cm인 변을 투수 쪽으로 향하게 하여야 한다.

일반적으로 야구장은 타자들이 늦은 오후의 태양빛에 방해받지 않도록 본루의 투수판을 지나 2루로 향한 선이 동북동을 향하도록 설계되어 있다.

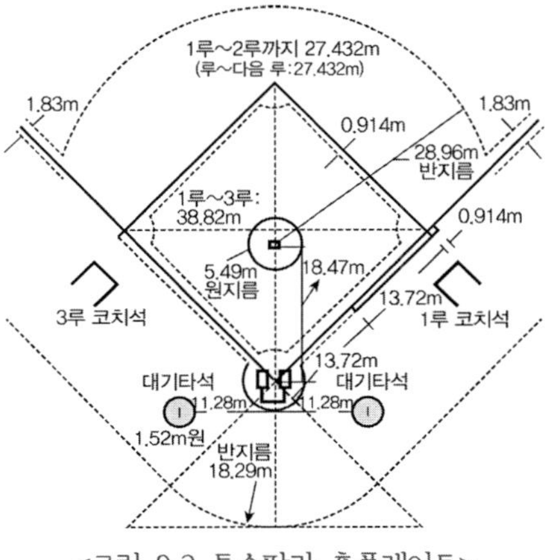

<그림 9.3 투수판과 홈플레이트>

야구공은 코르크, 고무 또는 이와 비슷한 재료로 만든 작은 심에 실을 감고, 이것을 흰색의 말가죽 또는 소가죽 두 쪽으로 싸서 단단하게 만든다. 공의 무게는 5온스~5.25온스(141.7g~148.8g) 사이여야 하며 둘레는 9인치~9.25인치(22.9cm~23.5cm)이어야 한다고 규정되어 있다. 실제로 요즈음 미국의 메이저리그에서 사용되는 야구공은 코스타리카에서 만드는데, 야구공은 고무로 덮은 코르크 심에 청회색 털실 110.6m를 감고 그 위에 흰색 털실 110.6m를 감고, 다시 그 위에 가는 면실 137.2m를 감는다. 또 다시 심과 실 사이의 틈을 고무로 메운 후 소가죽 두 조각을 가는 붉은 색 면실로 솔기가 108개 되도록 손으로 꿰맨다.

9.2 마그누스 힘

야구 경기장에서의 공의 움직임은 공기의 영향을 많이 받는다. 공은 공기를 옆으로 밀며 날아가는 과정에서 에너지를 잃고, 에너지를 잃는 정도에 따라 공의 비행속도도 떨어진다. 예를 들어 공기의 저항이 없으면 초기속도 177km/h로 지면에서 35°의 각도로 날아가기 시작한 공은 229m를 날아가지만, 실제 야구장에서는 약 120km/h로 날아간다.

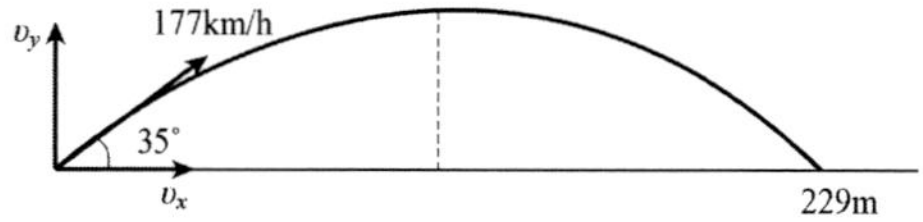

<그림 9.4 야구공의 궤적>

그 이유는 야구공(물체)이 공기를 통과할 때, 공기(유체)가 물체의 운동에 영향을 주기 때문이다. 이 유체의 흐름의 특성은 레이놀즈수(Reynold's number)에 의해 정해지는데, 레이놀즈수(Re)는 유체의 밀도 ρ, 물체의 속도 v, 물체의 크기(반지름 r) 에 비례하고, 유체의 점성 μ에 반비례한다. 즉 레이놀즈수 Re는

$$Re = 2\rho\frac{vr}{\mu} \tag{9.1}$$

로 나타난다. 보통의 상온에서 공기의 밀도 $\rho = 1.23\text{kg/m}^3$이고 점성 $\mu = 1.85\times 10^{-5}\text{N-s/m}^2$이다. 따라서 야구공의 경우 속도를 mph 단위로 나타내면 $Re \approx 2200v$이다.

공의 속도가 시속 수 km(Re=10,000)에서 시속 190km(Re=200,000) 사이일 때 야구 경기에서 재미있는 현상이 일어난다. 이 속도에서는 공의 주위에 흐르는 공기가 정류일 수도 있고 난류일 수도 있기 때문이다.

한편 공은 공기를 밀고 앞으로 나아가야하기 때문에, 공의 진로에 대한 항력 F_d는 공의 단면적 A에 비례하고 속도 v의 제곱에 비례한다. 물론 공기의 밀도 ρ가 낮으면 공은 공기를 더 쉽게 밀고 나갈 수 있으므로 항력은 공기의 밀도에 비례하며, 공기의 밀도는 온도와 경기장 위치의 고도에 영향을 받는다. 실제로 항력 F_d는

$$F_d = \frac{1}{2}C_d A\rho v^2 \tag{9.2}$$

로 나타난다. 여기서 $A = \pi r^2$은 구의 단면적이고 C_d는 항력 계수이다. 야구공의 항력계수는 시속 80km 이하에서는 0.5이었다가 속도가 190km로 증가하면 0.2까지 떨어진다. 즉, 공기의 흐름이 정류에서 난류로 바뀌고 있음을 알 수 있다.

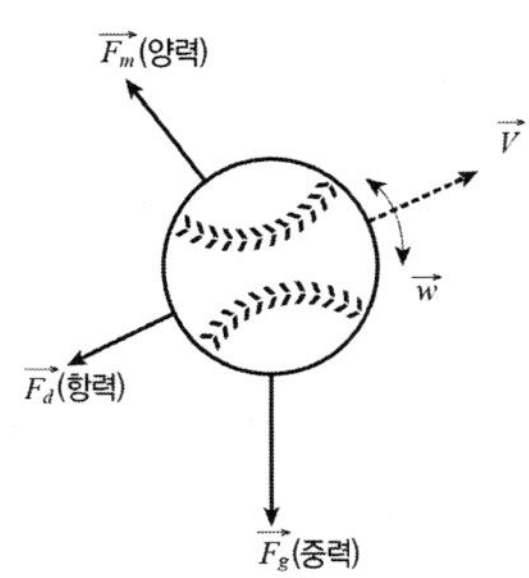

<그림 9.5 공이 받는 힘>

아래 <그림 9.5>는 다양한 초기속도로 지면과 35°의 각으로 쏘아올린 공이 1분당 1800회전하며 날아가는 궤적을 그린 것이다.

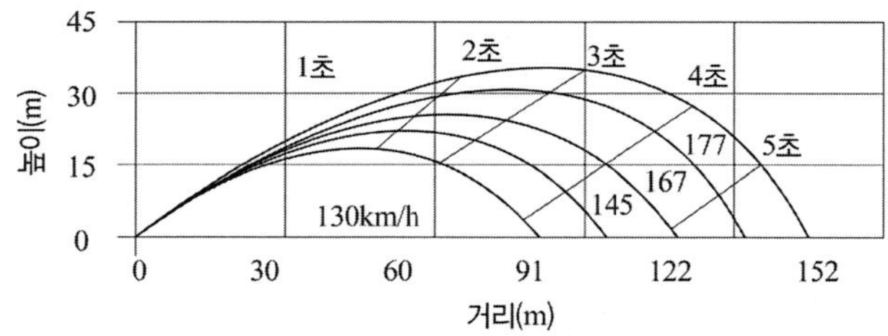

<그림 9.6 공의 초기속도와 궤적 [1, 2]>

투수가 타자를 향해 던진 공에 작용하는 저항이 공 주위를 흐르는 공기 속도의 제곱에 비례한다면, 회전하는 공에도 그에 해당하는 비대칭적인 힘이 작용할 것이다. 그 이유는 공이 날아갈 때 대원의 한쪽이 다른 쪽보다 공기의 흐름이 빠르기 때문이다. 사실 물체의 회전축이 공기의 흐름과 수직을 이룰 때 물체의 유속 및 회전축에 대해 수직으로 힘이 생기는데, 이 힘을 보통 마그누스 힘(Magnus force)이라고 한다.

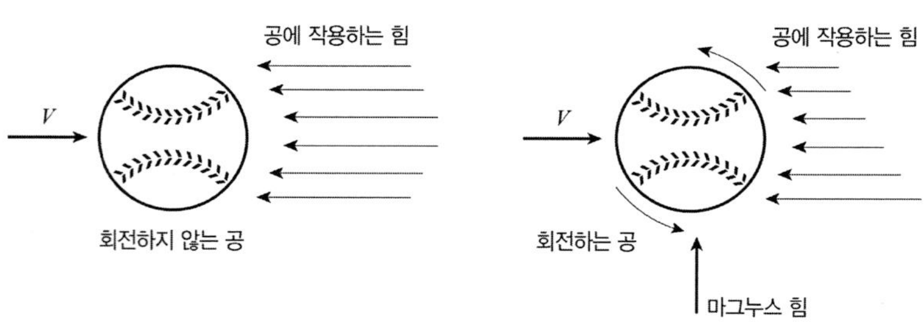

<그림 9.7 공의 회전과 마그누스 힘>

마그누스 힘을 좀 더 자세히 설명해보자. 먼저 투수판에서 홈플레이트까지의 거리는 18.47m이지만, 투수가 공을 던질 때 손끝에서 홈플레이트까지의 거리를 17m라고 하자. 또 오른손 투수가 시속 112km로 던

진 커브볼이 투수의 손에서 플레이트까지 약 17m를 날아가는 동안 16번 회전한다고 가정해 보자. 그러면 이 공은 분당 약 1800번 회전을 하게 된다. 공이 17m를 날아가는 동안 공의 1루 쪽 면은 공의 둘레 22.9cm의 16배인 약 3.6m 덜 움직이는 반면, 3루 쪽 면은 3.6m 더 움직인다. 따라서 3루 쪽의 속도는 시속 131km이고 1루 쪽 면은 시속 93km가 되어, 3루 쪽 항력이 1루 쪽 항력보다 크게 된다. 그러므로 공은 1루 쪽으로 휘어질 것이라는 것을 예상할 수 있다.

만약 항력이 속도의 제곱에 비례하고 마그누스 힘이 공의 양쪽 끝의 속도의 차이 때문에 생기는 저항의 차이 때문에 생긴다면, 마그누스 힘은 공기의 속도 v에 비례하는 회전수 f와 그 속도에서의 항력계수 C_d에 비례한다고 할 수 있다. 즉 마그누스 힘 F_m은

$$F_m = \frac{1}{2} C_L \rho A v^2 = K f v C_d \qquad (9.3)$$

로 나타난다. 여기서,

C_L : 양력계수
$K \approx 2 \times 10^{-6}$인 상수
v : 공의 속도를 마일/h로 나타낸 값
F : 공의 무게를 파운드 단위로 나타낸 값
f : 분당 회전수(rpm)

이다. 그러나 솔기가 있는 야구공에 작용하는 마그누스 힘은 항력의 변화율에 비례하는 것으로 알려져 있다.

이 모델에 따르면 분당 1800회전하는 공의 마그누스 힘의 최댓값은 공 무게의 약 1/4정도이다. 따라서 분당 1800회전하며 날아가는 공이 좌우로 휘는 거리는 중력으로 인해 떨어지는 거리의 1/4 이상을 넘을 수 없다. 또 속도의 변화는 회전율에 비례하므로 마그누스 힘은 회전율에 비례한다. 이 모델에서는 회전율이 일정할 때 시속 96km까지는 마

그누스 힘이 증가하다가 그 이후로는 감소한다. 따라서 회전율이 같으면 시속 96km와 시속 145km의 공에 작용하는 마그누스 힘은 별반 다르지 않다. 그런데 투수가 던진 빠른 공이 홈플레이트에 도달하는 시간이 느리게 던진 공이 도달하는 시간보다 짧기 때문에 힘이 작용하는 시간이 짧으므로, 느리게 던진 공이 빠른 공보다 더 휠 것이라는 것을 예상할 수 있다.

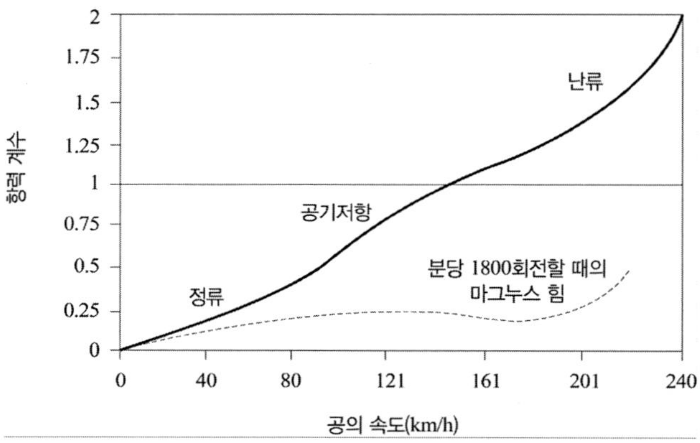

<그림 9.8 항력계수의 변화 [1, 2]>

9.3 투수

야구 경기의 승패를 가르는 가장 중요한 선수는 투수이다. 투수는 본루에서 18.47m 떨어진 마운드에 서서 홈플레이트 위로 공을 던져 스트라이크를 넣어야 한다. 그것도 타자가 공을 제대로 치지 못하도록 하면서 말이다. 물론 타자가 헛스윙을 하면 스트라이크가 된다. 그러나 보통 스트라이크는 타자가 치지 않은 투구 가운데 공의 일부분이 스트라이크존의 어느 부분이라도 통과하는 것을 말하는데, 스트라이크존은 타자 어깨의 윗

부분과 유니폼 바지 위의 중간점에 그린 수평선을 상한선으로 하고 무릎 위의 선을 하한선으로 하는 홈플레이트 상의 공간을 말한다. 이 스트라이크존은 타자가 투구를 치기 위하여 취한 자세로서 결정되어진다.

아래 <그림 9.9>는 오른손 투수가 공을 시계 반대 방향으로 분당 1600회전 하도록 시속 112km의 속도로 던진 커브볼과 너클볼의 궤적을 나타낸 것이다. 이 볼은 0.6초 후에 시속 101km의 속도로 홈플레이트를 통과한다.

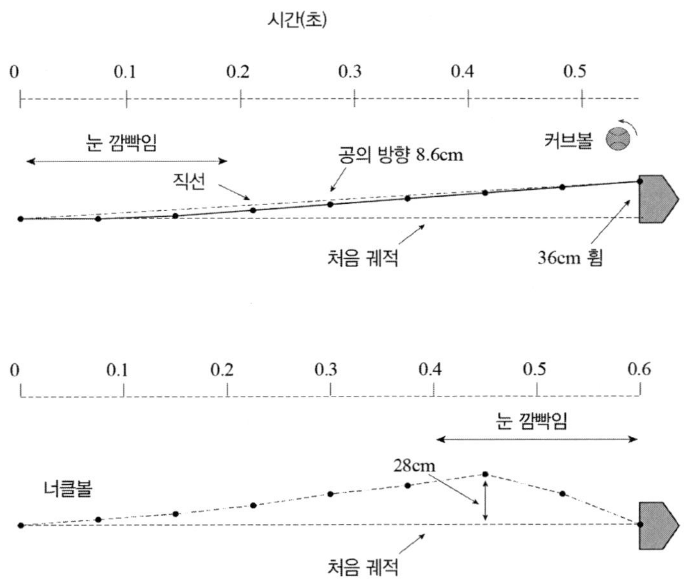

<그림 9.9 야구공의 비행 궤도>

투수에서 홈플레이트까지의 중간 지점에 이르렀을 때에 공은 타자의 몸 쪽을 겨냥했던 원래의 직선 궤도에서 약 8.6cm 벗어나 홈플레이트의 중심을 향해 나간다. 그리고 홈플레이트에 이르면 공은 원래 궤도에서 약 36cm를 벗어나 타자의 바깥쪽 구석을 통과한다. 이때 휘는 정도의 절반은 홈플레이트에서 약 4.5m 사이에서 생긴다. 따라서 타자가 공의

정보를 파악하는 데 걸리는 시간은 0.3초 밖에 되지 않으므로, 타자는 공이 7~8cm 휘어졌을 때 스윙을 결정하여야 한다.

<그림 9.9>와 같이 공이 휘는 현상은 모두 공의 회전으로 인한 마그누스 힘 때문인데, 솔기에 의해 생기는 야구공의 경로에는 솔기의 비대칭으로 인해 큰 불균형이 생기기도 한다.

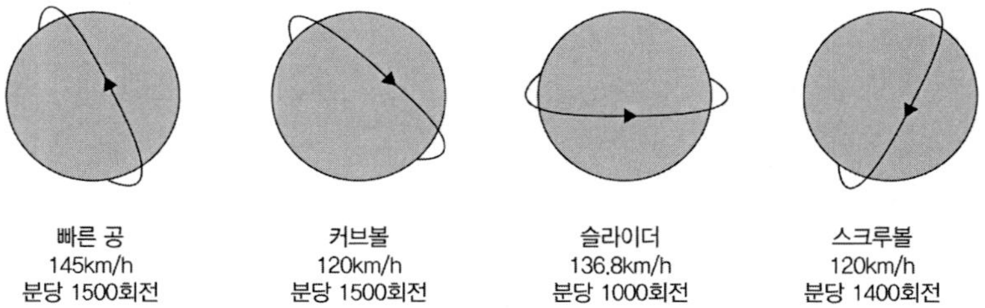

<그림 9.10 공의 회전 방향과 구질>

즉, 공의 솔기가 있는 쪽에서는 공기 저항 때문에 난류가 생겨 공기의 저항이 작아지는 반면, 반대 쪽 매끈한 곳은 공기가 매끄럽게 흘러 공기 저항이 커지게 된다. 따라서 공은 솔기가 있는 쪽으로 휘어져 날아가게 된다. 이런 현상을 보여주는 그림이 <그림 9.9>에 나타나 있는 너클볼인데, 홈플레이트의 한가운데를 향해 던진 공이 홈플레이트로부터 6m 떨어진 곳에서 중심선에 약 30cm 벗어나 방문 팀의 더그아웃 쪽으로 날아간다. 타자는 공이 홈플레이트를 통과하기 0.3초 전까지 얻는 시각 정보를 통해 스윙을 결정해야 하지만 너클볼을 의도적으로 노려서 치는 것은 거의 불가능한 일이다. 물론 포수에게도 이런 너클볼을 잡기가 어렵기는 마찬가지다.

9.4 야구 방망이

야구 방망이는 겉면이 고른 둥근 나무로 만들어야 하며, 굵기는 가장 굵은 부분의 지름이 7cm(2.75인치) 이하, 길이는 106.8cm(42인치)이하이어야 한다. 방망이는 하나의 목재로 만들어져야 하므로, 접착식으로 만든 방망이는 프로 야구에서는 사용할 수 없다. 선단을 도려낸 방망이(cupped bat)는 도려낸 부분이 깊이 2.5cm 이하, 지름이 2.5cm 이상 5.1cm 이하이어야 하며 움푹 파인 곳의 단면은 둥글지 않으면 안 된다. 또 파인 곳을 다른 이물질을 붙여서 둥글게 하지 말아야 하며, 오직 방망이의 소재를 도려내는 것으로 그쳐야 한다. 또 방망이의 끝 손잡이 부분(끝에서 45.7cm(18인치))에는 어떤 이물질을 붙이거나 어떤 물질로 처리하여 잡기 쉽게 하는 것은 허용하지만, 45.7cm의 제한을 넘어서까지 세공한 것을 사용할 수 없다. 유색인 방망이의 색깔은 담황색, 다갈색, 검정색만을 사용할 수 있다.

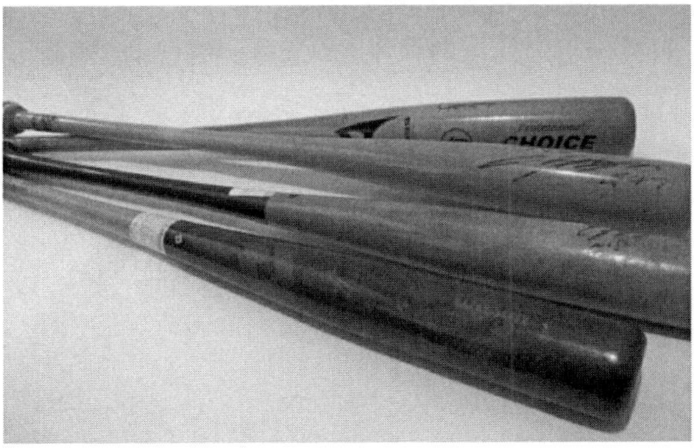

<그림 9.11 야구 방망이의 색깔>

[출처 : blog.joins.com]

예전에는 야구 방망이를 밀도가 0.82인 히코리 나무로 만들었고 무게는 45온스(1.28kg)에서 56온스(1.6kg)이었다. 그러나 요즈음에는 밀도가 약 0.638인 물푸레나무로 만들어지며 무게는 31온스(880g)에서 35온스(990g)가 대부분이다. 이와 같이 선수들이 사용하는 방망이의 무게와 형태는 다양하다.

가벼운 방망이는 빠른 스윙이 가능하므로, 타자가 투구에 타이밍을 맞추기 쉬워 이점이 많이 있을 것이다. 물론 무거운 방망이는 길이가 더 길고 커서, 전체적으로 유효 타격면이 넓은 이점을 가지고 있다. 물리적으로 본다면, 방망이의 속도가 일정할 경우 무거운 방망이가 가벼운 방망이보다 공을 멀리 날려 보낼 수 있다는 것을 알고 있다. 그러나 운동에너지가 일정한 경우에는 가벼운 방망이를 더 빨리 휘두를 수 있어, 가벼운 방망이가 무거운 방망이보다 공을 더 멀리 날려 보낼 수 있다. 그러므로 선수는 자신의 스타일에 맞는 방망이를 골라야 한다.

만약 서로 다른 무게를 가진 방망이를 사용하더라도, 선수들이 모두 똑같은 근력에 의해 궤도가 같은 스윙동작을 한다고 가정해보자. 예를 들어, 타자의 근력에 의해 900g짜리 방망이가 움직이는 것과 마찬가지로 81kg짜리 몸무게를 가진 타자의 몸도 움직인다. 그런데 같은 힘이 같은 거리에 걸쳐 작용하기 때문에, 스윙을 하는 동안 방망이와 몸을 움직이기 위해서 생긴 에너지는 무게가 다른 방망이와 다른 몸무게를 가진 경우에도 똑같다. 다시 말해, 방망이가 가벼우면 빨리 움직일 것이고, 무거우면 느려지겠지만 운동 에너지의 합은 일정하게 유지된다. 따라서 우리는 운동 에너지를 E, 방망이의 무게를 m, 몸무게를 M, 방망이의 속도를 v라 할 때, 관계식

$$E = \frac{1}{2}(m + \epsilon^2 M)v^2 \tag{9.4}$$

를 얻는다. 그러므로

$$v = \sqrt{\frac{2E}{m + \epsilon^2 M}} \tag{9.5}$$

이 된다는 것을 알 수 있다. 여기서 상수 ϵ은 $\frac{1}{9}$로 잡는데, 이는 방망이와 선수의 최대 운동에너지가 대체로 같다는 관찰 값에 맞추기 위한 수이다. 그런데 전체 체중에서 근육의 무게가 차지하는 비율이 선수들의 체격과 관계없이 같다고 하면, 근육에서 나오는 에너지는 체중에 비례한다고 할 수 있다. 따라서 체중이 큰 선수가 작은 선수보다 얼마나 더 멀리 공을 날려 보낼 수 있는지를 계산할 수 있다.

9.5 야구 방망이와 공의 충돌

야구공과 방망이가 충돌하는 시간은 0.001초 정도이다. 미국의 메이저리그에서는 코스타리카에 있는 야구공 제조사에서 공의 반발력을 정기적으로 실시하는데, 초속 25.9m(시속 93.3km)로 움직이는 공을 물푸레 나무판에 부딪쳐서 반발하는 공의 속도는 초속 14.6m(시속 51.5km)가 된다는 것을 알았다. 즉, 반발 계수 COR(coefficient of reflection)은

$$\frac{14.6}{25.9} = 0.565$$

가 된다. 그런데 공의 운동에너지는 속도의 제곱에 비례하므로, 초속 25.9m의 공이 되돌아오는 에너지는 처음 에너지의

$$0.565 \times 0.565 = 0.32$$

배 정도이다. 그러므로 야구에서 야구 방망이와 공의 충돌은 마찰에 의해 68%의 에너지가 손실되는 아주 비탄성적이라는 것을 알 수 있다.

그런데 대부분의 방망이와 공의 충돌에서 방망이가 공을 완벽하게 정면으로 치지는 않기 때문에, 공을 통한 운동량의 전달 방향은 공이 날아가는 최종방향과 일치하지 않는다. 따라서 타자가 친 공이 투수를 향

해 곧장 날아가는 경우는 드물고, 주로 타자의 왼쪽이나 오른쪽으로 가는 땅볼이나 공중 볼로 형성된다.

한편 원래부터 투수가 던진 공에 회전이 걸리지 않았더라도, 공이 방망이에 맞고 떨어질 때 회전이 걸리는 이유는 <그림 9.12>와 같이 비스듬히 날아가는 공이 평면에 부딪힌 다음 회전하는 원리와 같다.

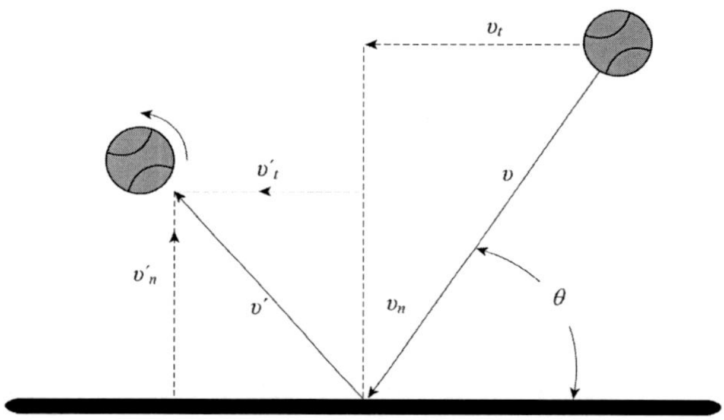

<그림 9.12 공의 반발>

우리는 공이 벽을 튀어나올 때의 회전과 날아가는 궤적을 정확히 알 수는 없지만, 튀어나오는 공의 상태를 추정할 수는 있다. 만약 반발계수 COR이 0.5라고 하면, 수직 반발 속도 v_n'은 처음의 수직 속도 v_n의 절반이 될 것이다. 만약 벽면이 아주 미끄럽다면, 벽에 비스듬히 부딪힌 공의 수평 속도 v_t는 충돌에 의하여 변하지 않을 것이다. 그러나 공이 벽과 충돌하는 과정에서 공의 표면은 벽에 순간적으로 붙어있을 것이다. 그런 다음 마찰로 인해 공은 회전하면서 벽에서 떨어지고, 여기서 수평 방향 에너지의 일부가 회전 에너지로 바뀌어 결과적으로 수평 방향의 속도를 줄게 만든다. 더욱이 심하게 변형된 공이 회전함으로써 내부 마찰에서 여분의 일정한 에너지가 소모될 것이다.

실험에 의하면 반발하는 공의 수평 속도 $v_t{}'$는 처음의 약 $\frac{3}{4}$을 유지하는 것으로 알려져 있다. 대체적으로

$$v'_n = Cv_n$$

$$v_t{}' = \sqrt{\frac{5}{7}} \times \sqrt{0.5C + 0.5}\, v_t$$

$$\omega = \frac{v_t{}'}{r}$$

이 된다는 것이 알려져 있다. 여기서 C는 반발계수이고, r는 공의 반지름, ω는 각속도로 회전율의 2π배이다. $\sqrt{\frac{5}{7}}$은 수평 운동에너지에서 회전 에너지로의 이전을 설명하고 있고, $\sqrt{0.5C+0.5}$는 마찰로 인한 수평 성분의 감소를 추정하기 위한 것이다.

Technical Notes

1. 레이놀즈수

표면이 매끄러운 공의 속도가 시속 80km 이하가 되면 공 주위의 공기의 흐름은 비교적 매끄럽지만(정류), 시속 320km가 넘으면 공 뒤쪽에 불규칙한 소용돌이(난류)가 생긴다. 대체로 난류는 공의 표면이 거칠고 속도가 느릴 때 생기는데, 속도가 일정하면 공기의 저항은 난류일 때가 정류일 때보다 작다. 이것이 골프공에 딤플을 만든 이유이기도 하다. 야구공의 경우에는 시속 320km가 넘지 않더라도 야구공에 있는 솔기가 난류를 만들어 낼 수 있다.

2. 공이 날아가는 거리

지면과 35^o의 각으로 초속 177km/h로 던진 공의 t초 후의 높이를 공의 높이를 y, 거리를 x라 하면

$$y=\frac{1}{2}gt^2-v_nt, \quad x=v_tt$$

이므로, 공이 다시 땅에 떨어질 때까지의 시간을 구하면

$$\frac{1}{2}gt^2-v_nt=\frac{1}{2}t(gt-2v_n)=0$$

즉

$$t=0, \qquad t=\frac{2v_n}{g}$$

이다. 여기서 v_n과 v_t는 각각 공의 수직방향의 속도와 수평방향의 속도이다. 따라서 공이 날아가는 거리는

$$x=v_t\times\frac{2v_n}{g}=\frac{2}{g}v_0\cos35°\times v_0\sin35°$$

이다. 그런데

$$g = 9.8\text{m/sec}^2,\ v_0 = 177\text{km/h} \approx 49.17\text{m/s},\ \sin 35° = 0.5736$$

이므로, 공이 날아가는 거리를 구할 수 있다.

3. 마그누스 힘

마그누스 힘 $F_m = KfvC_d$는 일반적인 2차원 나비어-스톡스(Navier-Stokes) 방정식

① 질량의 연속성

$$\frac{\partial u}{\partial x} + \frac{\partial v}{\partial y} = 0$$

② 모멘트의 보존

$$\rho\left(\frac{\partial u}{\partial t} + u\frac{\partial u}{\partial x} + v\frac{\partial u}{\partial y}\right) = -\frac{\partial P}{\partial x} + \mu\left(\frac{\partial^2 u}{\partial x^2} + \frac{\partial^2 u}{\partial y^2}\right) + \rho g\beta(T - T_m)$$

$$\rho\left(\frac{\partial v}{\partial t} + u\frac{\partial v}{\partial x} + v\frac{\partial v}{\partial y}\right) = -\frac{\partial P}{\partial y} + \mu\left(\frac{\partial^2 v}{\partial x^2} + \frac{\partial^2 v}{\partial y^2}\right)$$

③ 에너지

$$\rho c\left(u\frac{\partial T}{\partial x} + v\frac{\partial T}{\partial y}\right) = k\left(\frac{\partial^2 T}{\partial x^2} + \frac{\partial^2 T}{\partial y^2}\right)$$

로부터 나온 근사치이다. 물론 일반적인 나비어-스톡스 방정식의 해는 알려져 있지 않다.

시속 120km를 넘는 속도에 작용하는 마그누스 힘에 대해서는 저항계수의 변화를 고려하여야 한다. 이때

$$C_L = 2C_D Re\frac{\omega}{v}\left[1 + \frac{v}{2C_D}\frac{dC_D}{dv}\right]$$

인 관계가 성립하므로

$$F_m = KfvC_d\left[1 + 0.5 \times \frac{dC_d/C_d}{dv/v}\right]$$

로 나타난다. 여기서 dC_d, dv는 각각 저항계수와 속도의 변화량이다.

4. 타구의 비행시간

야구공이 날아가는 궤적은 대칭이 아니므로, 공이 날아갈 때의 각도보다 떨어질 때의 각도가 더 크다. 약 35° 각도로 날아가기 시작하여 117m를 날아가는 공이 공중에 떠있는 시간은 5초 정도이고 아주 높이 뜬 공은 6초가 넘는다. 보통의 오른손 타자가 홈에서 1루까지 달리는 데는 약 4.3초가 걸린다.

5. 방망이에 맞은 공의 변화

아래 그림에서와 같이 V, v, ω를 각각 방망이와 공이 부딪히기 전의 x-방향의 속도와 각속도라 하고, V', v', ω'을 부딪힌 후의 속도라 하자. 또 s를 방망이의 무게중심을 포함하는 스윗 스폿(sweet spot)으로부터의 거리라 하고, M, m을 각각 방망이와 공의 질량이라고 하자.

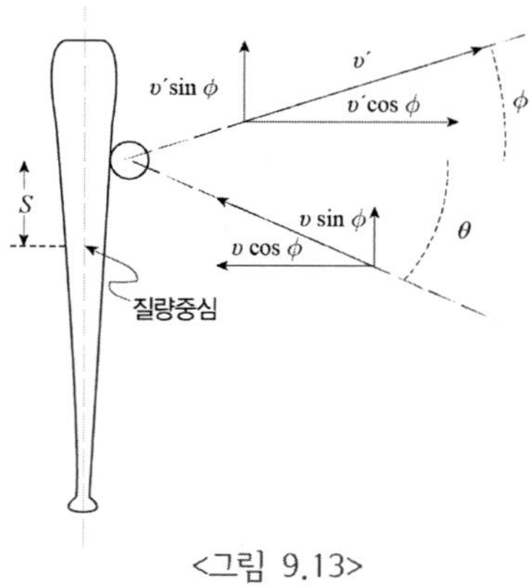

<그림 9.13>

그러면 충격량 K는 모멘트로부터

$$K = M(V' - V) + m(v'\cos\phi - v\cos\theta) \quad ①$$

이고, 각 모멘트로부터

$$\Omega = ms(v'\cos\phi - v\cos\theta) + I(\omega' - \omega) \qquad ②$$

를 얻는다. 여기서 $I = Mk^2$은 질량중심에 대한 관성모멘트로 k는 회전중심축에서 방망이의 질량중심까지의 거리이다. 이제 u, u'을 각각 방망이가 볼을 맞히기 전과 후의 방망이의 속도라 하고 e를 반발계수라고 하면

$$e(u - v\cos\theta) = v'(\cos\phi - u') \qquad ③$$

을 얻는다. 그런데

$$u = V + \omega s \qquad ④$$

$$u' = V' + \omega' s \qquad ⑤$$

이다. 위의 다섯 개의 방정식 ①~⑤로부터 충돌 후의 속도를 구할 수 있다.

예를 들면, 방망이와 공의 충돌 후 공의 x-방향의 속도는

$$v'\cos\phi = \frac{(1+e)(V+\omega s) + v\cos\theta[(m/M) + (ms^2/I) - e] + (K/M) + (s\Omega/I)}{1 + (m/M) + (ms^2/I)}$$

로 나타난다.

참고문헌

[1] 로버트 어데어, **야구의 물리학**, 3rd ed. 장석봉 역, 한승(2006)

[2] R. K. Adair, *The physics of baseball*, 2nd ed., HarperPerennial(1994)

[3] L. J. Briggs, *Effect of spin on the lateral deflection (curve) of a baseball; and the Magnus effect for smooth spheres*, American Journal of Physics, 27(1959), 589 - 596

[4] C. Frohlich, *Aerodynamic drag crisis and its possible effect on the flight of baseballs*, American Journal of Physics, 52(1984), 325 - 334

[5] P. Kirkpatrick, *Batting the ball*, American Journal of Physics, 31(1963), 606 - 613

[6] A. M. Nathan, *The effect of spin on the flight of a baseball*, American Journal of Physics, 76(2008), 119 - 124

[7] J. N. Reddy, *An introduction to the finite element method*, McGraw-Hill(1985)

[8] http://google.co.kr

제10장 축구

10.1 축구공

축구는 전 세계의 많은 사람들이 즐기는 운동 중의 하나이다. 남미나 아프리카의 오지에 사는 청소년들이 반반한 축구공이 없어도 풀을 둘둘 말아 끈으로 묶어서 차거나 돼지의 방광에 바람을 넣어 축구를 하는 모습을 텔레비전을 통해서 본다. 사실 예전엔 우리도 그랬다. 그렇듯 축구는 공 하나만 있으면 누구나 쉽게 즐길 수 있는 운동이다.

<그림 10.1 축구 경기>

[출처 : artmail.co.kr]

다음 <그림 10.2>의 사진은 각각 1930년 우루과이, 1950년 브라질, 1966년 잉글랜드, 1970년 멕시코 월드컵에서 공식적으로 사용한 축구공이다. 이 사진들을 보면 1930년부터 1966년까지의 축구공은 배구공과 같은 형태를 가지고 있었다. 1970년 멕시코 월드컵에 가서야 국제축구연맹 FIFA는 요즈음 흔히 쓰이는 정오각형과 정육각형으로 만들어진 축구공 텔스타(Telstar)를 월드컵의 공인구로 인정하였다.

<그림 10.2 우루과이, 브라질, 잉글랜드, 멕시코 월드컵 공인구>

[출처 : wikipedia.org]

축구공의 기본 골격은 정오각형 12개와 정육각형 20개로 이루어져있다. 이런 이유는 축구공의 기하가 아름다운 수학적 구조를 가지고 있기 때문이다. 사실 축구공은 둥글기 때문에, 축구공을 만드는 좋은 방법은 2,000번 이상의 바느질을 통해 아래 그림과 같이 정다각형으로 이루어진 완전한 구형에 가까운 정다면체를 만든 다음 공기를 불어 넣는 것이다. 그래야만 축구공은 안정된 구조를 유지할 뿐만 아니라 어느 곳을 차든 일관성 있는 공의 움직임을 예측할 수 있을 것이다.

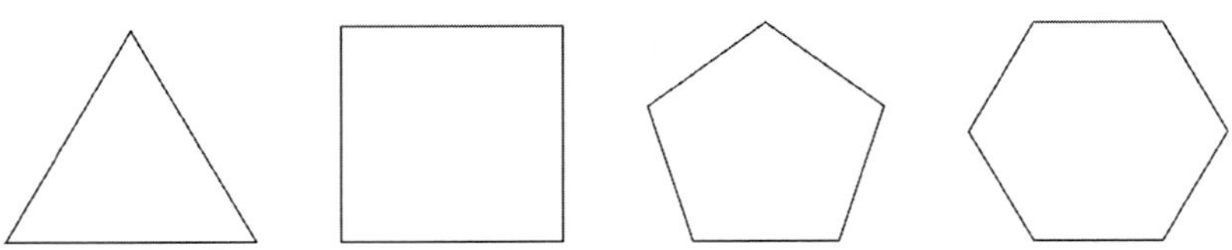

<그림 10.3 정다각형>

그런데 우리가 만들 수 있는 정다면체는 <그림 10.4>와 같이 정삼각형으로 이루어진 정사면체, 정팔면체, 정십이면체와 정사각형으로 이루

어진 정육면체, 그리고 정오각형으로 이루어진 정이십면체뿐이다.

정육각형을 가지고 정다면체를 만들 수는 없지만, 정육각형 한 개를 빼고 그 자리를 정오각형으로 대체하면 원에 가까운 다면체가 되지 않을까? 다시 말하면 각 꼭짓점마다 정육각형 2개와 정오각형 1개가 모여 있는 다면체가 구형에 가까울 것이라는 말이다.

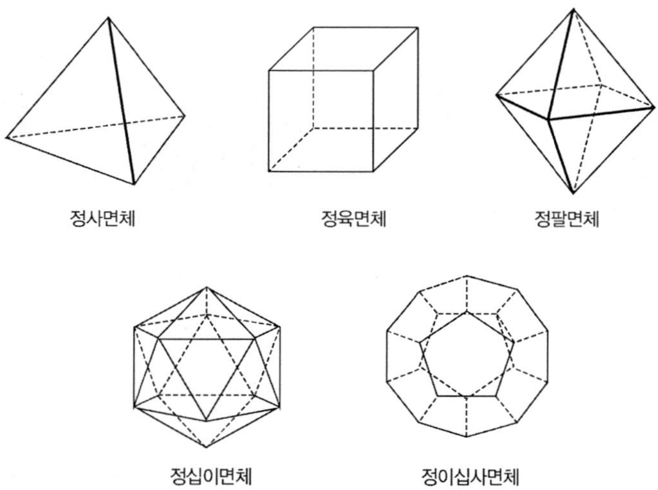

<그림 10.4 5개의 정다면체>

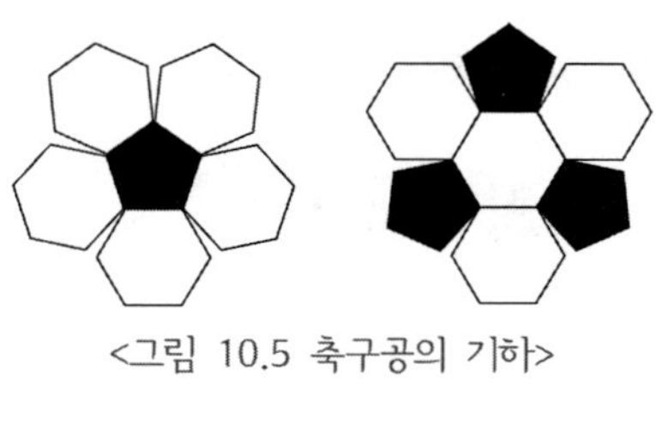

<그림 10.5 축구공의 기하>

이와 같이 다면체를 만들려면 정오각형과 정육각형이 각각 몇 개나 필요할까? 필요한 정오각형과 정육각형의 수를 각각 x, y라 하자. 먼저 다면체의 면은 정오각형과 정육각형의 개수의 합이므로, 면의 수 f는

$$f = x + y \tag{10.1}$$

이다. 또 정오각형의 주위에는 정육각형이 5개 붙어 있어 $y = 5x$인 것처럼 보이지만 정육각형 하나마다 정오각형이 3개씩 붙어 있으므로, 이것은 정오각형을 세 번씩 중복하여 센 것이다. 따라서 정오각형과 정육각형의 수 사이에는

$$y = \frac{5x}{3} \tag{10.2}$$

이 성립한다.

한편 정오각형 하나마다 꼭짓점이 5개가 있고 정육각형 하나마다 꼭짓점이 6개 있으므로, 꼭짓점 전체의 수는

$$5x + 6y$$

가 될 것이다. 그런데 한 꼭짓점에 세 개의 면이 모여 있으므로, 이들은 세 번씩 중복해서 센 것이다. 따라서 실제 꼭짓점의 수 v는

$$v = \frac{5x + 6y}{3} \tag{10.3}$$

이다.

같은 방법으로 모서리의 수를 세어보자. 정오각형 하나마다 꼭짓점이 5개가 있고 정육각형 하나마다 꼭짓점이 6개 있으므로, 꼭짓점 전체의 수는

$$5x + 6y$$

가 될 것이다. 그런데 한 모서리에는 두 개의 면이 모여 있으므로, 이들은 두 번씩 중복해서 센 것이다. 따라서 전체 꼭짓점의 수 e는

$$e = \frac{5x + 6y}{2} \tag{10.4}$$

이 된다.

그러므로 위의 네 개의 방정식 (10.1) ~ (10.4)에서 v, e, f를 x에 관한 식으로 나타내면, 각각

$$v = 5x, \quad e = \frac{15x}{2}, \quad f = \frac{8x}{3}$$

이다. 그런데 볼록 다면체에서 꼭짓점, 모서리, 면의 수 v, e, f 사이에는 오일러 특성수가 2, 즉

$$v - e + f = 2 \tag{10.5}$$

인 관계가 성립하므로,

$$5x - \frac{15x}{2} + \frac{8x}{3} = 2$$

를 얻는다. 따라서

$$x = 12, \quad y = 20$$

이다.

이와 같이 정오각형 12개와 정육각형 20개를 붙여 만든 공이 축구공 텔스타이다. 다각형 모양의 축구공 대신 구름 모양의 조각 14개를 붙여서 만든 팀가이스트(Teamgeist)가 2006년 독일 월드컵에서, 8개의 삼차원 조각들을 이어 붙인 자불라니(Jabuluani)가 2010년 남아공 월드컵 결승의 공인구로 사용되기도 하였다.

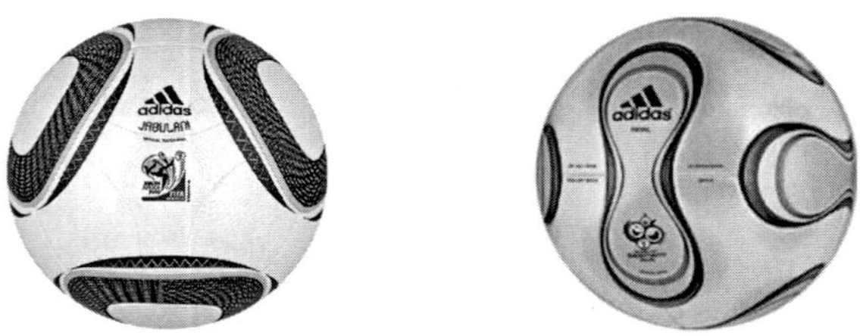

<그림 10.6 팀가이스트와 자불라니>

[출처 : wikipedia.org]

그러나 2002년 한일 월드컵에서 사용한 피버노바(Fevernova)나 2014년 브라질 월드컵에서 사용한 브라주카(Brazuca)는 기본적으로 텔스타 형이다.

<그림 10.7 피버노바와 브라주카>

[출처 : wikipedia.org]

10.2 무회전 축구공의 운동

규정에 의하면 축구장의 규격은 가로 110야드(100.58m), 세로 70야드(64m)이고, 골문의 폭은 8야드(7.32m), 높이는 8피트(2.44m)이다. 또 축구공의 둘레는 27인치(68.58cm) 이상 28인치(71.12cm) 이하여야 하며, 공의 무게는 14온스(410 g) 이상 16온스(450 g) 이하여야 한다. 더욱이 공의 압력은 1.6 기압 ~ 2.1 기압 사이여야 하는데, 공의 내부 기압이 낮으면 공은 찌그러진다. 심지어 공의 기압이 1.1 기압인 경우에도 공은 물렁물렁한 상태가 된다.

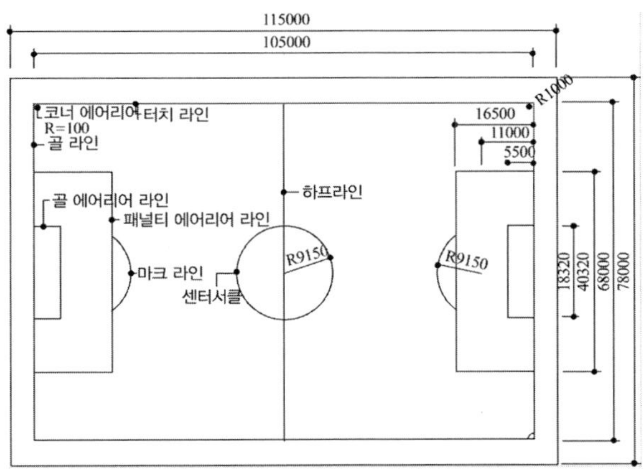

<그림 10.8 축구장의 규격>

무작위로 분포되어 있는 공기분자는 1cm^3당 약 2×10^{19}개가 들어있으며, 이들 분자는 시속 1500km의 속도로 움직인다. 공 안에 있는 공기분자의 운동 속도는 공 밖의 공기분자의 운동과 같은 속도로 움직이지만, 공 안에 공기를 불어 넣어 더 많은 분자를 공 안에 집어넣었기 때문에 공 안의 압력이 바깥보다 높다. 이 때문에 축구공의 외피는 탄성을 가지고 있지 않음에도 불구하고, 공 안과 밖의 압력 차이 때문에 축구공은 튀어 오르게 된다.

사실 공이 원형을 유지하고 있을 때는, 공의 안쪽에 작용하는 힘은 반대쪽에 작용하는 힘과 같으므로 구형을 그대로 유지하게 된다. 그러나 공이 지면에 부딪히게 되면, 뉴턴의 운동 제3법칙인 작용과 반작용에 의하여 지면은 공이 가한 압력과 같은 크기의 힘으로 공을 밀어낸다. 따라서 공의 위쪽에 작용하는 힘 때문에 공은 위로 튀어 오르게 된다.

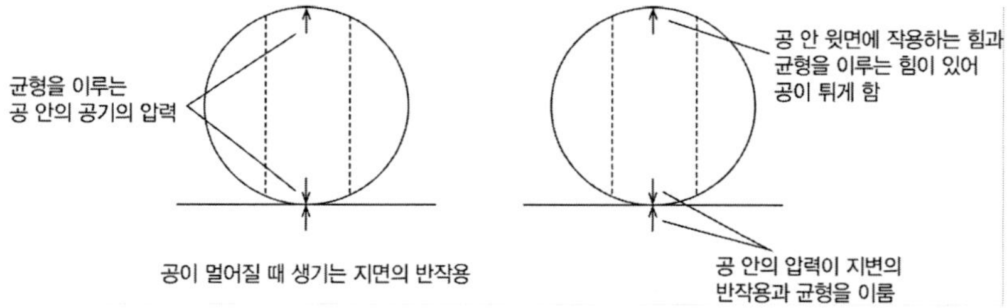

<그림 10.9 공에 미치는 작용과 반작용>

그런데 공이 지면으로부터 받는 힘은 지면과 접하는 넓이에 비례하고, 접촉면의 넓이는 공의 중심과 지면 사이의 거리로 결정되기 때문에 공이 받는 힘을 계산할 수 있다. 즉 공이 받는 힘을 F, 공 안과 밖의 기압차를 p, 공이 지면과 접하는 넓이를 A라 하면

$$F = pA \tag{10.6}$$

가 된다.

이제 무회전하는 공이 어떻게 움직이는지 더 자세히 알아보자. 아래 <그림 10.10>과 같이, 공의 반지름을 a, 공이 지면과 닿을 때 들어가는 깊이를 y, 공이 지면과 닿을 때 공과 지면이 만드는 원의 반지름(현의 길이의 $\frac{1}{2}$)을 r이라 하자. 그러면 피타고라스 정리에 의하여

$$a^2 = r^2 + (a-y)^2,\ 즉\ r^2 = 2ay - y^2$$

이 된다.

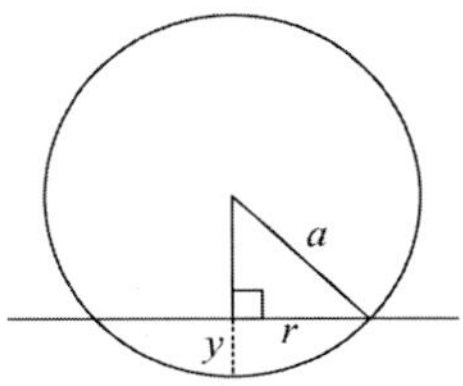

<그림 10.10 지면에 접촉한 축구공>

실험적으로 공이 지면과 시속 30km로 부딪힐 때 공은 약 2cm가량 들어가므로, y의 값은 a의 값에 비하여 상대적으로 작다. 그러므로 y^2은 아주 작은 값이 되어 무시하면

$$r^2 = 2ay$$

이 된다. 따라서 공과 지면이 접촉하는 넓이 A는

$$A = \pi r^2 = 2\pi ay$$

이다.

공의 탄성계수가 1이라고 가정하면, 뉴턴의 운동 제2법칙에 의하면

$$m\frac{d^2y}{dt^2} = -2\pi apy \tag{10.7}$$

이 성립한다. 이 미분방정식을 라플라스 변환을 이용하여 풀면

$$y(t) = \frac{v_0}{\sqrt{2\pi ap/m}} \sin\left(\sqrt{\frac{2\pi ap}{m}}\, t\right) \tag{10.8}$$

를 얻는다. 여기서 v_0는 공이 지면에 닿는 순간, 즉 $t=0$일 때의 수직속도를 말한다. 따라서 공이 지면을 떠날 때는 $y=0$이 되므로,

$$\sqrt{\frac{2\pi ap}{m}}\, t = \pi$$

이다. 그런데 공이 지면과 접촉했다가 다시 튀어오를 때까지의 시간 t_b는

$$t_b = \pi\sqrt{\frac{m}{2\pi ap}} \tag{10.9}$$

이므로, 공이 지면에서 튀어 오르는 동안의 시간은 공의 처음 속도와는 관계가 없다.

축구 경기의 규정에 의하면 평균적으로

$$m = 0.43\,\text{kg},\ c = 2\pi a = 0.70\,\text{m},\ p = 0.85\,\text{기압} = 0.86\times 10^5\,\text{N/m}^2$$

이므로, 공이 튀는 시간은 식 (10.9)로부터

$$t_b = 0.0084(\text{초})$$

이다. 또 공이 최대로 찌그러질 때는 $t = \frac{t_b}{2}$일 때이므로, 가장 많이 눌릴 때는

$$y_{\max} = \frac{v_0 t_b}{\pi}$$

이다. 따라서 $t_b = 8.4\times 10^{-3}$를 식 (10.8)에 대입하면

$$y_{\max} = 2.7\times 10^{-3} v_0(\text{m})$$

가 된다.

예를 들어, 축구공이 시속 35 km로 수직으로 땅에 떨어진다면 공은 약 2.5cm 정도 찌그러진다는 것을 알 수 있다. 또 이때 공이 받는 최대힘 $F_{\max}$는

$$F_{\max} = \frac{\pi m v_0}{t_b} = 160 v_0 (\mathrm{N})$$

이다. 그런데 1 kg 중은 9.8 N이므로 약

$$F_{\max} = 16 v_0 \mathrm{kg중}$$

이 된다. 축구공이 시속 35km로 움직이는 경우 속력은 약 10 m/s이므로, 공에 작용하는 최대의 힘은 160 kg중이 된다. 물론 공의 초기 속도가 크면 공의 변형도 커지며, 그에 따라 공에 작용하는 힘도 커진다.

10.3 회전하는 공의 운동

지금까지는 공의 회전이 없는 경우, 공이 튀어 오르는 힘에 대하여 알아보았다. 그러나 대부분 공이 튈 때는 지면과의 마찰 때문에 회전을 동반한다.

다음 <그림 10.11>은 축구공이 지면에 떨어지기 전, 지면과 충돌한 후의 속도, 공의 회전을 보여주는 그림이다. 이 그림에서 시계 방향으로 공이 회전하는 것을 +방향으로 보고, 지면에 닿기 전의 회전속도를 ω_0, 지면에 닿은 후의 회전속도를 ω_1으로 나타내고, 수평방향의 속도는 각각 u_0, u_1, 수직방향으로의 속도를 v_0, v_1으로 나타내었다.

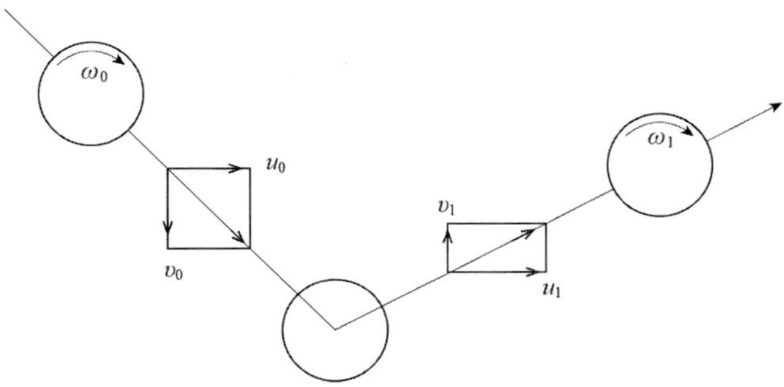

<그림 10.11 공과 지면과의 접촉 전후>

축구공의 반발계수는 0.5 정도 되는데, 일반적으로 반발계수를 e라고 하면

$$v_1 = ev_0 \tag{10.10}$$

이다. 따라서 공의 수직 속도의 변화량 Δv는

$$\Delta v = v_1 - (-v_0) = v_0 + v_1 = (1+e)v_0 \tag{10.11}$$

가 된다.

한편 공이 튀는 동안 공이 미끄러진다면, 다음 그림처럼 공의 밑바닥에 마찰력 F_b가 작용한다. 이 마찰력은 공의 속도를 떨어뜨린다. 만약 공의 반지름을 a라고 하면, 공의 중심 주위에 회전력 $F_h \times a$를 미치게 되며, 수직력 F_v와 마찰력 F_h 사이에는

$$F_h = \mu F_v$$

인 관계가 성립한다. 여기서 μ는 공이 미끄러질 때의 마찰계수이다.

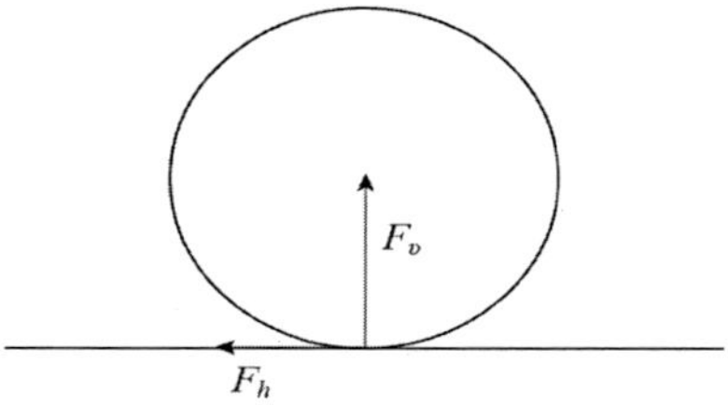

<그림 10.12 공의 마찰력과 반발력>

그런데 뉴턴의 운동 제2법칙에 의하여

$$m\frac{du}{dt} = -F_h, \quad m\frac{dv}{dt} = F_v$$

이므로

$$\frac{du}{dv} = -\frac{F_h}{F_v}$$

가 성립한다. 그런데 $F_h = \mu F_v$이므로

$$\frac{du}{dv} = -\mu$$

를 얻는다. 위 방정식을 적분하면

$$\Delta u = u_1 - u + 0 = -\mu \Delta v = -\mu(1+e)v_0 \tag{10.12}$$

를 얻는다.

더욱이 공의 회전력은 $F_h a$이므로, 공의 회전 모멘트를 I라 하면

$$I\frac{d\omega}{dt} = F_h a$$

가 성립한다. 그런데 $m\dfrac{du}{dt} = -F_h$이므로

$$\frac{d\omega}{dt} = -\frac{ma}{I}\frac{du}{dt}, \quad \text{즉} \quad \frac{d\omega}{du} = -\frac{ma}{I} \tag{10.13}$$

인 관계를 얻는다. 따라서

$$\Delta\omega = -\frac{ma}{I}\Delta u = \mu(1+e)\frac{ma}{I}v_0$$

가 성립한다. 한편 반지름이 a인 속이 빈 공에서 중심축에 대한 회전 모멘트 I는

$$I = \frac{2}{3}ma^2$$

이므로

$$\Delta\omega = \frac{3}{2}\mu(1+e)\frac{v_0}{a} \tag{10.14}$$

이다.

위의 사실을 종합하면 미끄러지면서 튀는 공의 수직 속도 v_1, 수평속도 u_1, 회전속도 ω_1은 각각

$$v_1 = ev_0 \tag{10.15}$$
$$u_1 = u_0 - \mu(1+e)v_0 \tag{10.16}$$
$$\omega_1 = \omega_0 + \frac{3}{2}\mu(1+e)\frac{v_0}{a} \tag{10.17}$$

이 된다.

10.4 구르는 공의 운동

공이 지면에 닿을 때 미끄러지면 공에는 마찰력 F_h가 발생하여 공의 속도가 떨어지지만, 지면이 아주 거칠고 공의 낙하 각이 큰 경우에는, 공이 지면에 닿을 때 접촉면은 정지하게 되어 아래 그림처럼 공은 구르기 시작한다.

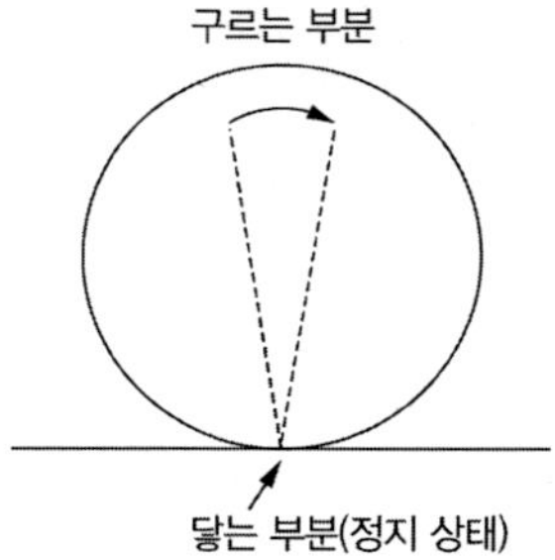

<그림 10.13 구르는 공의 운동>

이때 공은 미끄러지는 대신 구르므로, 공의 반지름을 a라 하면

$$u_1 = \omega_1 a$$

가 된다. 그런데 회전모멘트는 $I = \frac{2}{3}ma^2$이므로, 관계식 $\Delta\omega = -\frac{ma}{I}\Delta u$ 로부터

$$\omega_1 - \omega_0 = -\frac{3}{2}\frac{u_1 - u_0}{a}$$

를 얻는다. 따라서 공이 구르면서 튀는 경우에는

$$v_1 = ev_0 \tag{10.18}$$

$$u_1 = \frac{3}{5}u_0 + \frac{2}{5}\omega_0 a \tag{10.19}$$

$$\omega_1 = \frac{2}{5}\omega_0 + \frac{3}{5}\frac{u_0}{a} \tag{10.20}$$

가 성립한다.

10.5 축구선수의 이적 시장

오늘날 상위 축구 구단들은 비싼 이적료를 지불하더라도 훌륭한 선수들을 영입하여 팀의 실력을 높여 구단의 수입을 높이려고 한다. 구단들이 유소년 축구팀에서 선수들을 육성하여 공급받던지 아니면 외국이나 다른 팀에서 선수를 영입하는 것은 전 세계적으로 흔히 있는 일이다. 역사적으로 이적료를 지불하고 선수를 영입한 경우는 1905년 선더랜드(Sunderland)가 코먼(A. Common)을 미들스부르(Middlesborough)로 부터 1000 파운드를 지불한 것이 처음이다. 이 이적료는 지금에 비하면 아무것도 아닌 것처럼 보이지만, 이 금액은 그 당시 일반인의 연봉의 13배에 해당하는 것이었다.

구단과 구단 사이에 선수들을 방출하고 영입하는 경우에는 어떤 일이 벌어질까? 문제를 간단히 설명하기 위하여, 두 구단 A_1, A_2가 각각 a_1, a_2명의 선수를 방출하고 다른 클럽 B_1, B_2, B_3는 각각 b_1, b_2, b_3명의 선수를 영입한다고 가정하자.

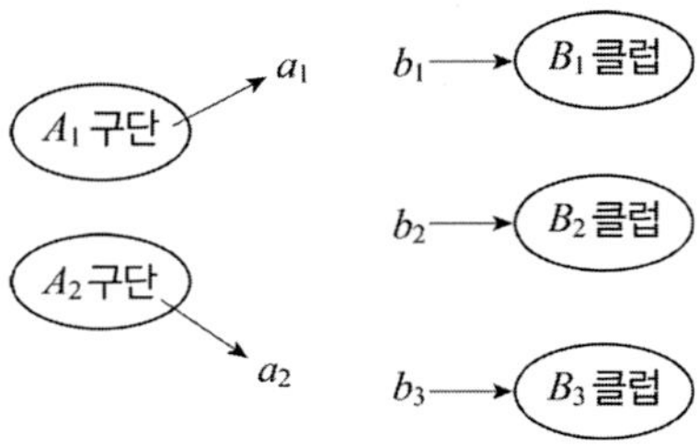

<그림 10.14 선수 이적 시장>

그러면 우리는 선수들의 이적 시장에서

$$a_1 + a_2 = b_1 + b_2 + b_3$$

와 같은 관계식이 성립한다는 것을 알 수 있다.

좀 더 구체적으로 알아보기 위하여, 미지수 x_{ij}를 A_i 구단에서 B_j 클럽으로 이적되는 선수의 수라고 하자. 그러면 두 구단 A_1, A_2로부터 B_j구단으로 이적되는 선수의 수는

$$x_{1j} + x_{2j}$$

으로 나타난다. 따라서 위 선수들의 이적 시장에서

$$x_{11} + x_{21} = b_1$$
$$x_{12} + x_{22} = b_2$$
$$x_{13} + x_{23} = b_3$$

의 관계식을 얻는다. 그런데 전체 이적 시장에서 두 구단 A_1, A_2가 각각 a_1, a_2 명의 선수를 방출하므로, 관계식

$$x_{11} + x_{12} + x_{13} = a_1$$
$$x_{21} + x_{22} + x_{23} = a_2$$

을 얻는다.

한편 구단 A_i가 B_j클럽에 한 선수를 내보는데 이적료가 c_{ij}로 일정한 금액이라고 하면, 전체 이적 시장의 규모는

$$S(x) = c_{11}x_{11} + c_{12}x_{12} + c_{13}x_{13} + c_{21}x_{21} + c_{22}x_{22} + c_{23}x_{23}$$

가 된다. 여기서 $x = (x_{11}, x_{12}, x_{13}, x_{21}, x_{22}, x_{23})$를 나타낸다. 따라서 우리는 $x_{ij} \geq 0$인 조건 아래에서 $S(x)$의 최솟값을 구하는 선형계획 문제에 부닥치게 된다.

문제를 구체적으로 알기 쉽게 하기 위하여

$$a_1 = 2, \quad a_2 = 3, \quad b_1 = 1, \quad b_2 = 3, \quad b_3 = 1$$

이라고 가정하고, 이적료가 각각

$$c_{11} = 4, \quad c_{12} = 9, \quad c_{13} = 3, \quad c_{21} = 4, \quad c_{22} = 8, \quad c_{23} = 1$$

이라고 가정하자. 그러면 우리는 관계식

$$x_{11} + x_{12} = 1 \qquad ①$$

$$x_{12} + x_{22} = 3 \qquad ②$$

$$x_{13} + x_{23} = 1 \qquad ③$$

$$x_{11} + x_{12} + x_{13} = 2 \qquad ④$$

$$x_{21} + x_{22} + x_{23} = 3 \qquad ⑤$$

$$x_{ij} \geq 0, \quad i = 1, 2, \quad j = 1, 2, 3 \qquad ⑥$$

$$S(x) = 4x_{11} + 9x_{12} + 3x_{13} + 4x_{21} + 8x_{22} + x_{23} \qquad ⑦$$

을 얻는다.

방출자의 수와 영입자의 수가 같으면, 즉

$$a_1 + a_2 = b_1 + b_2 + b_3$$

이 성립하면, 위의 시스템은 일의적이다. 그런데 위의 연립방정식만을 살펴보면, 6개의 미지수가 있는 반면 5개의 방정식 밖에 없어 연립방정식의 해는 무수히 많이 존재한다.

위의 계 ①~⑦에서 미지수 $x_{13}, x_{21}, x_{22}, x_{23}$를 x_{11}, x_{12}를 이용하여 나타내면

$$x_{13} = 2 - x_{11} - x_{12}$$

$$x_{21} = 1 - x_{11}$$

$$x_{22} = 3 - x_{12}$$

$$x_{23} = -1 + x_{11} + x_{12}$$

$$S(x) = 33 - 2x_{11} - x_{12}$$

로 나타난다. 그런데 $x_{ij} \geq 0$이므로, 우리는 조건에 관한 부등식

$$2 - x_{11} - x_{12} \geq 0 \quad ⑧$$

$$1 - x_{11} \geq 0 \quad ⑨$$

$$3 - x_{12} \geq 0 \quad ⑩$$

$$-1 + x_{11} + x_{12} \geq 0 \quad ⑪$$

$$x_{11} \geq 0 \quad ⑫$$

$$x_{12} \geq 0 \quad ⑬$$

을 얻는다. 따라서 우리는 위의 연립부등식이 성립하는 영역에서

$$S(x) = 33 - 2x_{11} - x_{12}$$

의 최솟값을 구하는 문제를 풀면 된다.

위의 연립부등식을 만족하는 영역을 좌표평면 위에 나타내면 아래 그림의 빗금 친 볼록 사각형과 같다.

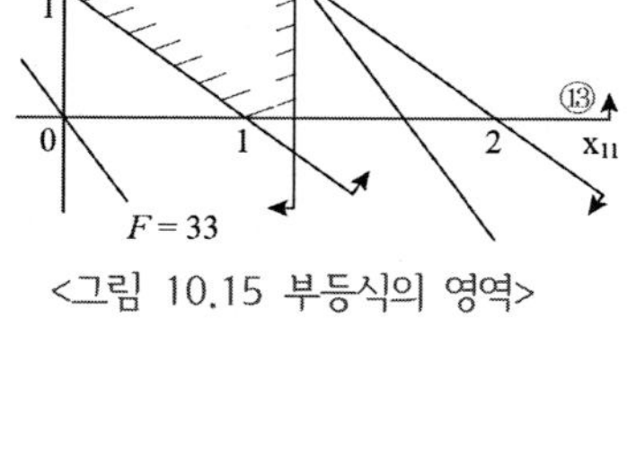

<그림 10.15 부등식의 영역>

이제 이적 시장 규모 $S(x)$를

$$33-2x_{11}-x_{12}=k$$

라 두고, <그림 10.15>의 사각형 영역에서 k의 값이 최소가 되는 점을 찾으면 된다. 그런데 방정식

$$33-2x_{11}-x_{12}=k$$

을 나타내는 직선은 직선

$$x_{12}=-2x_{11}$$

와 평행하다. 그러므로 k의 값이 최소가 될 때는 $2x_{11}+x_{12}$의 값이 최대가 될 때, 즉

$$(x_{11}, x_{12})=(1, 1)$$

일 때이며, 이 경우

$$S(x)=33-2-1=30$$

이다. 따라서

$$x_{11}=1, \quad x_{12}=1, \quad x_{13}=0$$
$$x_{21}=0, \quad x_{22}=2, \quad x_{23}=1$$

이다. 다시 말하면 이적료의 총합이 가장 적게 들 때는

A_1구단에서 B_1클럽으로 1명
A_1구단에서 B_2클럽으로 1명
A_2구단에서 B_2클럽으로 2명
A_2구단에서 B_3클럽으로 1명

이 이적하는 것이다.

이와 같이 선형계획법을 이용하면, 구단들이 가능한 한 비용을 적게 들여 선수들을 영입하는 문제를 해결할 수 있다.

Technical Notes

1. 정다면체

한 꼭짓점에 모인 면이 정삼각형인 경우에는 모일 수 있는 면의 개수가 다음 그림과 같이 3, 4, 5의 세 가지 경우에만 정다면체가 만들어진다. 이때 만들어진 정다면체는 각각 정사면체, 정팔면체, 정이십면체이다. 그런데 여섯 개의 정삼각형이 모이면 그 내각의 크기의 합이 360°가 되어 정다면체를 만들 수 없다.

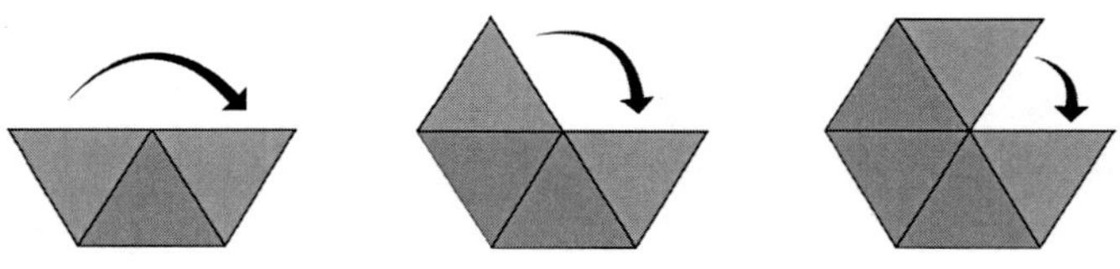

정사면체 정팔면체 정이십면체

또 한 꼭짓점에 정사각형, 정오각형이 모이는 경우는 다음 그림과 같이 각각 한가지뿐이므로 정육면체와 정십이면체를 만들 수 있다.

정육면체 정십이면체

그러나 정육각형의 한 내각의 크기는 120°이므로, 한 꼭짓점에 정육각형 3개만 모아 놓아도 360°이므로 정육각형을 가지고 정다면체를 만들 수는 없다. 따라서 정다면체는 다섯 가지 밖에 없다.

2. 축구공과 다빈치

1509년에 출간된 파촐리(Pacioli, L. : 1445～1517)의 책 「신성한 비율」에는 레오나르도 다빈치(Leonardo da Vinci : 1452～1519)가 그린 아래와 같은 다면체의 그림이 있다.

축구공은 아래 그림의 첫 번째 경우와 같다.

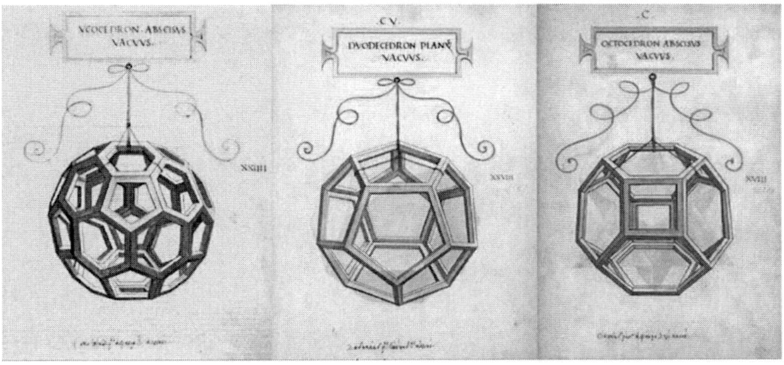

3. 오일러 상수와 다면체

구면과 위상적으로 동일한 다면체는 모두 오일러 상수가 2이다.

4. 볼록한 도형

학교수학에서는 볼록한 도형만 다루는데, 볼록한 도형이란 그 도형 위에서 임의의 두 점을 택했을 때 그 두 점을 잇는 선분이 그 도형 안에 포함되는 것을 말한다. 예를 들어, 평면에서 아래 그림과 같은 도형은 볼록한 도형이다.

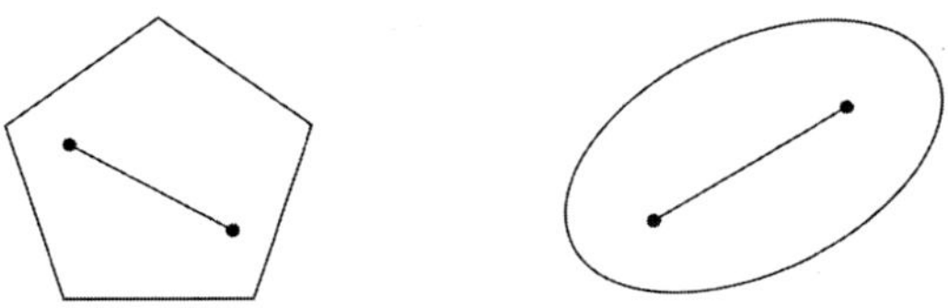

그러나 아래 그림의 볼록한 도형은 두 점을 잇는 선분이 그 도형 안에 포함되지 않으므로 볼록한 도형이 아니다.

5. 라플라스 변환

함수 $f:[0,\infty)\to R$에 대하여

$$L(f)=F(s)=\int_0^\infty e^{-st}f(t)dt$$

가 정의될 때, $L(f)$를 함수 f의 라플라스 변환(Laplace transform)이라고 한다. 예를 들어

$$L(1)=\int_0^\infty e^{-st}dt=\frac{1}{s},\qquad s>0$$

$$L(e^{at})=\int_0^\infty e^{-st}e^{at}dt=\frac{1}{s-a},\qquad s>a$$

$$L(\sin at)=\frac{a}{s^2+a^2},\qquad L(\cos at)=\frac{s}{s^2+a^2},\qquad s>0$$

이다.

한편 함수 f의 도함수 f'가 부분적으로 연속이면

$$L(f')=sL(f)-f(0)$$

가 됨을 부분적분법에 의하여 보일 수 있다. 같은 방법으로 함수 f의 이계도함수 f''이 부분적으로 연속이면

$$L(f'')=s^2L(f)-sf(0)-f'(0)$$

이 되는 것을 보일 수 있다.

미분방정식 (10.7)의 양변에 라플라스 변환을 적용하면

$$m\{s^2L(y)-sy(0)-y'(0)\}=-2\pi apL(y)$$

이므로

$$L(y)=\frac{sy(0)+y'(0)}{s^2+\frac{2\pi ap}{m}}$$

이다. 그런데 $y(0)=0, y'(0)=v_0$이므로

$$L(y)=\frac{v_0}{s^2+\left(\sqrt{\frac{2\pi ap}{m}}\right)^2}$$

로부터, 미분방정식 (10.7)의 해

$$y(t)=\frac{v_0}{\sqrt{2\pi ap/m}}\sin\left(\sqrt{\frac{2\pi ap}{m}}\,t\right)$$

를 얻는다.

6. 회전운동

길이가 l인 막대의 한쪽 끝은 회전축과 연결되어 있고 다른 한쪽 끝에는 수직 힘이 작용한다고 하자. 이때 막대의 밀도를 ρ라고 하면, 막대의 에너지는

$$E=\int_0^l \frac{1}{2}\rho v(x)^2 dx$$

이다. 그런데 막대의 회전속도를 ω라고 하면 $v=\omega x$이므로

$$E=\frac{1}{I}\omega^2, \quad I=\int_0^l \rho x^2 dx$$

로 나타낼 수 있다. 이때 I를 회전 모멘트라고 한다.

한편 에너지의 변화율은 힘 F가 한 일의 시간에 대한 변화율이다.

그런데 이것은 힘의 크기와 작용점에서의 속도의 곱과 같다. 즉

$$\frac{dE}{dt} = Fv = Fl\omega = \tau\omega$$

이다. 여기서 $\tau = Fl$을 회전력(토크, torque)이라고 부른다. 또 회전운동량 J는

$$J = I\omega$$

로 정의하는데, 회전운동량의 변화율은

$$I\frac{d\omega}{dt} = \frac{1}{\omega}\frac{dE}{dt}, \text{ 즉 } I\frac{d\omega}{dt} = \tau$$

이다.

7. 선형계획법

볼록 다면체에서 일차식

$$f(x) = a_0 + a_1x_1 + a_2x_2 + \cdots + a_nx_n$$

의 최솟값(최댓값)은 이 다면체의 꼭짓점에서 얻어진다. 또 $f(x)$가 한 개 이상의 점에서 최솟값(최댓값)을 가지면, 이들의 값은 모두 같다. 이러한 이유로 선형계획법을 기하와 연관시켜 풀 때는 볼록다면체가 중요하게 다루어진다.

참고문헌

[1] 강석진, **수학의 유혹**, 2nd ed., 문학동네(2010)

[2] 정상권, 이재학, 박혜숙, 홍진곤, 박부성, 강은주, 오화평, **중학교 수학** 1, 금성출판사(2013)

[3] 정상권, 이재학, 박혜숙, 홍진곤, 박부성, 최홍원, 민진원, 김호경, **고등학교 수학** I, 금성출판사(2014)

[4] 존 웨슨, **축구의 과학**, 강주성 역, 한승(2002)

[5] W. E. Boyce and R. C. *DiPrima, Elementary differerntial equations and boundary value problems*, 8th ed., Wiley(2005)

[6] L. E. Sadovskii and A. L. *Sadovskii, Mathematics and sports*, American Mathematical Society(1993)

[7] http://wikipedia.org

제11장 골프

11.1 골프란?

골프는 골프채(클럽, club)를 가지고 정지해 있는 공을 쳐서 작은 구멍(홀, hole)에 넣는 운동이다. 야구나 축구, 테니스처럼 움직이는 공을 가지고 하는 것이 아니라 정지해 있는 공을 가지고 하는 운동이라고 만만히 볼 것은 아니다. 골프는 잘 치는 사람이나 잘 못 치는 사람이나 모두에게 좌절을 경험하게 하는 경기이다. 능숙한 골퍼라도 공을 살짝 퍼팅을 했는데 예상보다 멀리 굴러가서 낭패를 본 경험을 가지고 있을 것이다. 이와 같은 비선형적인 물리 현상은 손목의 꺾임에서 비롯되는 경우가 많다. 반대로 공을 멀리 보내기 위해 티샷을 힘껏 한다고 해서 공이 멀리 날아가지 않는 이유도 비선형성 때문이다.

<그림 11.1 골프장>

[출처 : pixabay.com]

매 홀을 시작하는 티잉 그라운드(teeing ground)에 서서 시원스럽게 뚫린 페어웨이(fairway)를 보면 드라이버로 장타를 날리고 싶은 욕심을 낼 때가 자주 있을 것이다. 어떻게 하면 장타를 날릴 수 있을까? 아마 달과 같이 중력이 작은 곳에서 골프를 한다면 작은 힘으로도 공을 멀리 날려 보낼 수 있을 것이다. 불행이기도 하지만 지구상에서 골프를 치기 때문에 우리는 적절한 힘을 사용하여야 한다. 그러나 이 힘을 사용하여 운동을 하는 것이 지구에서의 특권일지도 모른다. 어쨌든 장타를 날릴 수 있는 중요한 요인은 무엇일까를 생각해보자.

골프를 하면 실제로 클럽 헤드가 공에 접촉하는 시간은 약 0.002초이다. 이 짧은 순간의 클럽과 골프공의 접촉(임팩트)이 골프공이 날아가는 거리(비거리)를 결정한다. 공을 멀리 보내기 위해서는 볼에 작용하는 힘을 크게 하여 볼이 가지는 운동량을 크게 하는 것인데, 운동량은

$$(\text{운동량}) = (\text{질량}) \times (\text{속도})$$

이므로 백스윙(back swing)을 크게 하여 임팩트 순간의 속도를 빠르게 하면 된다. 다시 말하면 백스윙을 통하여 임팩트 순간에 클럽 헤드의 속도를 크게 하는 것이 중요하다. 개인차는 있지만 드라이버 샷에 의해 볼이 날아가는 속도는 40m/s에서 80m/s 정도로 알려져 있다.

앞에서 이야기 했듯이 클럽 헤드의 운동량이 커지기 위해서는 클럽 헤드의 질량을 크게 하거나 속도를 높이는 것이다. 그러나 헤드의 질량은 늘었지만 속도를 떨어뜨려 운동량이 줄어들면 헤드의 질량을 늘인 효과가 없다. 더욱이 헤드의 질량을 마냥 크게 할 수는 없으므로, 헤드의 속도를 높이는 빠른 스윙을 위해서는 백스윙을 크게 하여야 한다.

한편 클럽 헤드는 거의 원운동을 하고, 헤드의 각운동량은

$$\begin{aligned}(\text{각 운동량}) &= (\text{질량} \times \text{회전속도}) \\ &= (\text{질량}) \times (\text{반지름})^2 \times (\text{각 속도})\end{aligned}$$

로 나타난다.

<그림 11.2 골프클럽(드라이버, 아이언, 퍼터)>

[출처 : vinatour.co.kr]

따라서 각운동량을 높이기 위해서는 백스윙을 통하여 회전 속도를 높이는 것이다.

또한 골프 클럽의 길이를 늘려 클럽 헤드의 운동량을 늘이는 방법도 있다. 이런 이유로 골프채의 길이가 긴 드라이버를 사용하기도 하지만, 현실적인 문제로 그 길이에는 한계가 있다. 왜냐하면 길이가 길면 무게가 늘어나 골프채를 자유자재로 휘두를 수 없기 때문이다.

11.2 클럽 헤드와 비거리

그렇다면 클럽 헤드의 질량을 늘이는 것과 헤드의 속도를 높이는 것 중 어느 것이 비거리를 늘이는 데 더 효과적일까? 골프에서는 클럽 헤드의 운동량이 골프공에 전달되어 공이 날아가게 되는데, 공에 전달되는 운동량은 클럽과 공 사이의 반발계수에 영향을 받는다.

골프 클럽의 질량이 m_1, 골프공의 질량이 m_2, 반발계수를 e라 하고, 충돌 전 클럽의 속도를 v_1, 충돌 후 클럽의 속도를 $v_1{}'$이라고 하자. 그러면 운동량 보존법칙에 의하여

$$m_1v_1 = (m_1 + m_2)v_1{}' + em_2v_1$$

이므로, 충돌 후 클럽의 속도는

$$v_1{}' = \frac{m_1 - em_2}{m_1 + m_2}v_1$$

으로 나타난다. 또 임팩트 후의 볼의 속도를 $v_2{}'$라고 하면

$$e = \frac{v_2{}' - v_1{}'}{v_1}$$

이므로

$$v_2{}' = \frac{(1+e)m_1}{m_1 + m_2}v_1 \qquad (11.1)$$

로 나타난다.

반발계수가 1인 물체는 완전 탄성체이지만 골프공은 완전 탄성체는 아니다. 보통 골프공의 반발계수는 0.6~0.9 사이인 것으로 알려져 있다. 골프공의 반발계수를 0.8이라 하고 질량을 45g, 헤드의 속도를 $v_1 = 40\text{m/s}$라고 할 때, 클럽 헤드의 질량이 각각 500g, 1000g인 경우에 골프공의 초속은 각각 약 66.06m/s, 68.90m/s이 된다.

<그림 11.3 공의 반발과 속도>

[출처 : doopedia.co.kr]

따라서 이 경우 클럽 헤드의 질량을 두 배로 늘일 때 초속도는 약 4.3% 올라간다.

그러나 같은 조건에서 클럽 헤드의 속도를 40m/s에서 80m/s로 두 배 빠르게 하면, 공의 초기 속도는 66.06m/s에서 132.11m/s로 두 배 빨라진다. 그러나 자신의 스윙 속도를 두 배 빠르게 휘두른다는 것은 현실적으로 어려운 일이다. 그렇다면 헤드의 무게를 두 배로 늘렸을 때 얻을 수 있는 공의 속도 68.90m/s를 얻기 위해서는 클럽의 속도를 얼마나 빨리 휘둘러야 할까?

이 값을 구하기 위해서는 반발계수에 관한 식 (11.1)로부터, 방정식

$$\frac{(1+0.8)\times 500}{500+45}\times x = 68.90$$

을 풀면 된다. 즉, $x = 41.8$이다. 다시 말하면 클럽의 속도를 41.8m/s로 휘두르면 헤드의 무게를 두 배 늘린 효과를 얻는다. 그러므로 비거리를 늘리는 데는 클럽의 속도를 늘리는 것이 헤드의 무게를 늘리는 것보다 효과적이라고 할 수 있다.

11.3 골프스윙과 진자운동

골프를 클럽 헤드-손-어깨가 몸통을 중심으로 움직인다고 보면, 골프는 진자 3개가 연결되어 움직이는 것과 같은 3-진자운동을 한다. 그러나 여기서는 몸통과 어깨를 하나로 보아 2-진자운동을 하는 골프 스윙을 생각해보기로 한다. 먼저 아래 <그림 11.5>와 같이 질량 m_1이 질량을 무시한 길이가 L_1인 팔에 달려있고, 질량 m_2인 클럽 헤드가 질량을 무시한 길이가 L_2인 골프채의 자루(샤프트, shaft)에 달려 있다고 가정하자. 또 질량이 m_3인 골프공의 반발계수가 1.0이라고 가정하자.

<그림 11.4 골프 스윙의 진자운동>

[출처 : blog.daum.net]

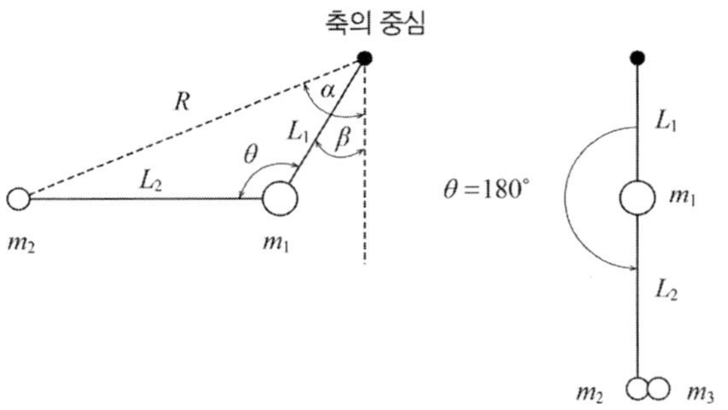

<그림 11.5 진자운동>

손목과 클럽이 이루는 각을 θ라고 하면, 중심축(몸)과 클럽 헤드 사이의 거리 R는 코사인 제2법칙에 의하여

$$R^2 = L_1^2 + L_2^2 - 2L_1L_2\cos\theta \tag{11.2}$$

이다.

골프 스윙을 크게 두 단계로 보면, 첫 번째 단계는 손목의 각을 유지하면서 어깨와 허리의 토크에 의해 클럽과 팔이 가속되는 단계이고, 두 번째 단계는 클럽이 중심축으로부터 멀어지도록 손목의 각이 변하면서 풀리는 단계이다. 즉, 첫 단계에서는 클럽이 축으로 쏠리는 것을 막기 위해 허리의 회전이 필요하며, 클럽이 가속될수록 허리 회전은 빠르게 감소한다. 허리 회전력이 0이 되는 시점에서 클럽을 잡고 있는 손목을 풀어주면 골프 클럽은 자연스럽게 회전하게 된다.

외부의 토크가 작용하지 않고, 중력에 의한 포텐셜(위치에너지)을 무시하고, 팔-클럽이 관성에 의해 움직인다고 가정하자. 처음에는 R이 일정한 상태로 클럽과 팔이 중심축을 중심으로 일정한 각속도로 회전한다. 즉, <그림 11.5>에서 나타낸 각 α, β에 대하여

$$\dot{\alpha} = \dot{\beta}$$

를 유지하며 회전한다. 여기서 $\dot{\alpha} = \frac{d\alpha}{dt}$를 의미한다. 그 다음에는 클럽이 풀어져 클럽과 팔이 일직선이 되는 상태로 돈다. 즉, 손목-클럽의 각의 크기가 $180°$가 된다.

클럽 헤드가 공을 치기까지의 에너지보존법칙과 각운동량보존법칙에 의하여, 운동에너지 T와 각운동량 L은 각각

$$\begin{aligned} T &= \frac{1}{2}(m_1 L_1^2 \dot{\beta}_i^2 + m_2 L_2^2 \dot{\beta}_i^2) \\ &= \frac{1}{2}\left\{m_1 L_1^2 \dot{\beta}_f^2 + m_2 (L_1 + L_2)^2 \dot{\alpha}_f^2\right\} \end{aligned} \tag{11.3}$$

$$L = m_1 L_1^2 \dot{\beta}_i + m_2 R^2 \dot{\beta}_i = m_1 L_1^2 \dot{\beta}_f + m_2 (L_1 + L_2)^2 \dot{\alpha}_f \tag{11.4}$$

이다. 여기서 첨자 i와 f는 각각 클럽이 움직이기 전의 상태와 공을 때리는 순간의 상태를 의미한다.

위의 방정식 (11.3)~(11.4)에서 클럽 헤드가 공을 때리는 순간에는 질량 m_1이 정지 상태에 있고 m_1의 운동량이 m_2에 고스란히 100% 전달된다고 하자. 이때 $\dot{\beta}_f = 0$이므로

$$(m_1 L_1^2 + m_2 L_2^2)\dot{\beta}_i^{\,2} = m_2 (L_1 + L_2)^2 \dot{\alpha}_f^2 \tag{11.5}$$

$$(m_1 L_1^2 + m_2 R^2)\dot{\beta}_i = m_2 (L_1 + L_2)^2 \dot{\alpha}_f \tag{11.6}$$

을 얻는다. 위 방정식의 0이 아닌 해는

$$\dot{\beta}_i = \dot{\alpha}_f$$

이므로,

$$m_1 L_1^2 + m_2 R^2 = m_2 (L_1 + L_2)^2 \tag{11.7}$$

을 얻는다. 즉 클럽 헤드가 공을 때리는 순간 클럽의 관성모멘트는 클럽이 움직이는 처음 순간의 팔과 클럽의 관성모멘트의 합과 같다. 따라서 팔의 에너지가 클럽 헤드로 100% 전달된다고 가정하면, 식 (11.7)로부터

$$m_2 = \frac{m_1}{2(1+\cos\theta_i)L_2} \frac{L_1}{L_2}$$

인 관계가 성립한다.

만약 팔의 길이가 0.67m, 샤프트의 길이가 1.0m, 손목의 각이 90°, 팔의 질량을 3kg이라고 하면 클럽의 헤드가 1.005kg이 되어야 한다는 것이다. 이런 조건은 클럽과 골프공 사이에 에너지 전달이 100% 된다고 가정할 때 클럽 헤드의 질량이 공의 질량인 46g이어야한다는 사실에 모순이다.

또 클럽 헤드의 질량이 200g, 손목의 각이 90°, 팔의 길이가 0.67m라면, 가장 적당한 샤프트의 길이는 5m나 되어야 한다. 한편 클럽 헤드의 질량과 공의 질량이 모두 46g이고 클럽과 공 사이의 효율이 100%라면 샤프의 길이가 22m가 되어야 한다. 그런데 대체적으로 클럽의 길이가

1.219m이고 공의 질량은 46g이므로, 골프 클럽으로 공을 치는 스트로크는 에너지 전달이 100%가 될 수 없다. 여러 가지 실제 상황에 따라 샤프트의 길이와 클럽 헤드를 고정하고 실험한 결과, 손목의 각의 크기가 에너지 전달 효율에 가장 큰 영향을 끼치는 요소라는 것이 알려져 있다.

11.4 골프공의 비거리

공을 멀리 보내기 위해서는 어떤 각으로 쳐야 할까? 평평한 곳에서 처음의 속도가 v_0인 공을 지면과 θ를 이루도록 쳐내면, x, y 방향의 속도는 각각

$$v_{0x} = \left.\frac{dx}{dt}\right|_{t=0} = v_0 \cos\theta, \quad v_{0y} = \left.\frac{dy}{dt}\right|_{t=0} = v_0 \sin\theta$$

가 된다.

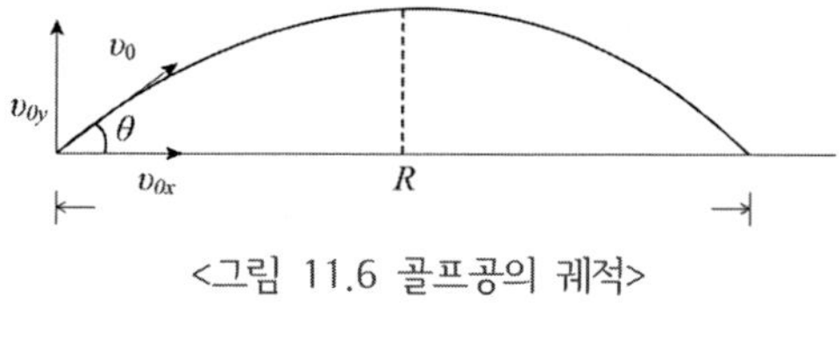

<그림 11.6 골프공의 궤적>

공기의 저항을 무시하면, t초 후에 x, y 방향의 속도는 각각

$$\frac{dx}{dt} = v_x = v_{0x}, \quad \frac{dy}{dt} = v_y = v_{0y} - gt$$

이므로, 시간 t에 대해 적분하면 t 초 후 공의 위치는

$$x(t) = (v_0 \cos\theta)t \tag{11.8}$$

$$y(t) = v_{0y}t - \frac{1}{2}gt^2 = (v_0 \sin\theta)t - \frac{1}{2}gt^2 \tag{11.9}$$

또는

$$y(x) = -\frac{g}{2v_0\cos^2\theta}x^2 + \tan\theta \cdot x \tag{11.10}$$

가 된다는 것을 알 수 있다.

그런데 공이 최고점에 도달하면 y방향의 속도는 $v_y = 0$이므로, 그 점에 도달하는 시간은

$$t = \frac{v_0\sin\theta}{g} \tag{11.11}$$

이다. 따라서 최고점의 높이는

$$H = \frac{v_0^2\sin^2\theta}{2g} \tag{11.12}$$

이고, 공이 날아간 거리는

$$R = (v_0\cos\theta) \times 2 \times \frac{v_0\sin\theta}{g} = \frac{v_0^2}{g}\sin 2\theta \tag{11.13}$$

가 된다. 그러므로 공을 가장 멀리 보내려면 처음 공이 날아가는 방향은 지면과 45^o를 이루도록 쳐야 한다.

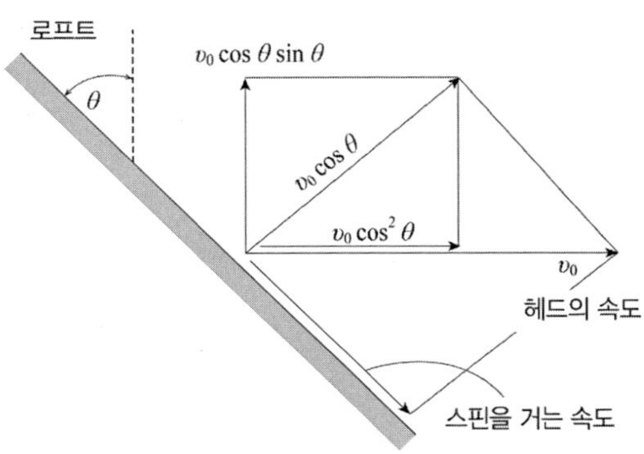

<그림 11.7 클럽 헤드와 공의 속도>

그러나 앞에서 다룬 것처럼 골프장이 마냥 평평하지는 않다. 내리막이 있는가 하면 오르막으로 공을 쳐야 할 때가 있다. 만약 골프장에서 공을 치는 곳과 낙하지점이 아래 <그림 11.8>과 같다고 하면, 지면과 θ의 각을 이루도록 초속도 v_0로 쳐 올린 공의 t초 후의 위치는

$$x(t) = (v_0 \cos\theta)t$$

$$y(t) = h + (v_0 \sin\theta)t - \frac{1}{2}gt^2$$

이 된다.

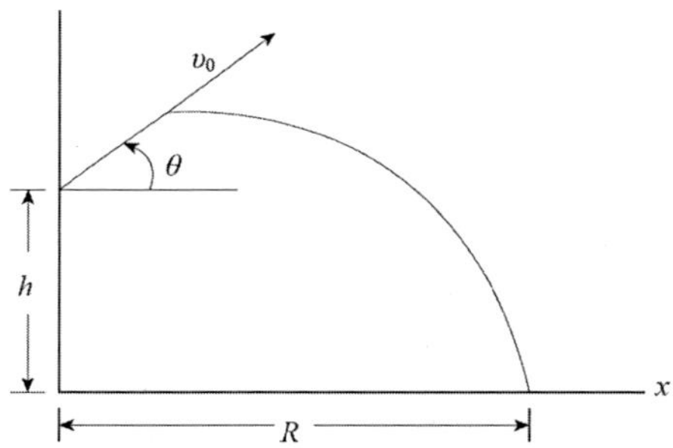

<그림 11.8 골프공의 위치와 궤적>

공의 비거리 R을 최대로 하려면, 공을 어떤 각도로 쳐야 하는지 알아보자. 공의 낙하지점이 $x = R, y = 0$일 때이므로, 우리는 방정식

$$R = (v_0 \cos\theta)t$$

$$0 = h + (v_0 \sin\theta)t - \frac{1}{2}gt^2$$

을 얻는다. 위 두 식으로부터 t를 소거하면 R에 대한 이차방정식

$$R = \frac{v_0^2}{2g}\left[\sin 2\theta + \left\{\sin^2 2\theta + \frac{8gh}{v_0^2}\cos^2\theta\right\}^{\frac{1}{2}}\right] \tag{11.14}$$

을 얻는다. 그런데 R의 값이 최대일 때는

$$\frac{dR}{d\theta} = 0$$

이므로, 이 방정식을 풀어 비거리가 가장 길도록 쳐내는 각 θ_m과 이때의 최대 비거리 R_m을 구할 수 있다.

만약 $h = 0$이면 최대 비거리는 $R_0 = \frac{v_0^2}{g}$이 된다. 이제

$$z = \frac{gh}{v_0^2}$$

로 치환하면, $\frac{dR}{d\theta} = 0$으로부터

$$\cos 2\theta_m = \frac{z}{1+z} \tag{11.15}$$

$$R_m = \frac{v_0^2(1+2z)^{1/2}}{g} \tag{11.16}$$

을 얻는다. 실제로 $h = z = 0$인 경우에는

$$\theta_m = 45^0 \text{이고 } R_m = \frac{v_0^2}{g}$$

를 얻는다는 것을 확인할 수 있다.

한편 $\theta_m = 45^0$일 때의 최대비거리를 R_{45}라 나타내면

$$\frac{R_{45}}{R_m} = 0.5\frac{1+(1+4z)^{1/2}}{(1+2z)^{1/2}}$$

이므로, $z \geq 0$이면

$$\frac{R_{45}}{R_m} \leq 1$$

이다. 즉 $h > 0$이면 $\theta_m = 45^0$일 때 최대 비거리를 갖지는 않는다는 것을 알 수 있다.

만약 v_0^2이 gh의 값에 비해 충분히 크다면, 즉 R_m의 값이 h보다 충분히 크다면,

$$R_m \approx \frac{v_0^2}{g} + h \tag{11.17}$$

임을 알 수 있다. 이것을 운동에너지 $K = \frac{1}{2}mv^2$과 위치에너지(포텐셜에너지) $P = mgh$를 이용하여 나타내면

$$R_m \approx \frac{2K + P}{mg}$$

를 얻는다. 그런데 공의 무게와 중력가속도는 일정하므로, 높이가 일정할 때 비거리를 늘리려면 당연히 골프공의 속도를 늘려야 한다. 즉 골프 스윙에서 공의 임팩트를 높여야 한다.

11.5 골프공의 비거리와 공기저항

지금까지 우리는 골프공이 날아가는 데 공기의 저항을 무시하고 비거리가 최대가 되는 각을 구하였다. 그러나 더욱 현실적인 비거리를 구하려면 공기의 양력과 저항도 고려하여야 한다. 공과 바람의 속도를 각각 $u(t) = (u_x(t), u_y(t), u_z(t))$, $w(t) = (w_x(t), w_y(t), w_z(t))$라고 하면, u와 v 사이에는

$$m\frac{du}{st} = -mg - D\frac{u-w}{|u-w|} \tag{11.18}$$

의 관계가 있다. 여기서 $|u-w|$는 공의 속도와 바람의 속도의 차의 크기이며, 바람에 의한 뒤끌림 힘은

$$D = \frac{1}{2}cA\rho(u-w)^2$$

이다. 또 c는 뒤끌림 상수, A는 공의 단면의 넓이, ρ는 공기의 밀도이다.

이 식을 다시 쓰면

$$\frac{du_x}{dt} = -\frac{1}{2}cA\rho|u-w|(u_x - w_x)/m \tag{11.19}$$

$$\frac{du_y}{dt} = -\frac{1}{2}cA\rho|u-w|(u_y - w_y)/m \tag{11.20}$$

$$\frac{du_z}{dt} = -g - \frac{1}{2}cA\rho|u-w|(u_z - w_z)/m \tag{11.21}$$

로 나타난다. 이와 같이 공의 궤적을 나타내는 방정식이 복잡하여 해를 구체적인 함수로 표현할 수 없고 수치적 방법을 통하여 구하여야 한다.

위의 방정식 (11.19) ~ (11.21)을 근사적으로 나타내기 위해 $\alpha = \frac{1}{2}cA\rho\gamma/m$, $\gamma = |u-w|$라 놓으면,

$$\frac{du_x}{dt} = -\alpha(u_x - w_x) \tag{11.22}$$

$$\frac{du_y}{dt} = -\alpha(u_y - w_y) \tag{11.23}$$

$$\frac{du_z}{dt} = -g - \alpha(u_z - w_z) \tag{11.24}$$

와 같다. 위의 방정식 (11.22)~(11.24)를 풀면

$$u_x(t) = \frac{1}{\alpha}(v\cos\theta - w_x)(1 - e^{-\alpha t}) + w_x t \tag{11.25}$$

$$u_y(t) = -\frac{1}{\alpha}w_y(1 - e^{-\alpha t}) + w_y t \tag{11.26}$$

$$u_z(t) = h + \frac{1}{\alpha}(v\sin\theta - w_z)(1 - e^{-\alpha t}) + \left(w_z - \frac{g}{\alpha}\right)t \tag{11.27}$$

이다.

한편 공기의 저항을 줄이기 위하여 공의 표면에 오목한 홈(딤플, dimple)을 파 놓은 골프공을 사용한다. 이제는 딤플이 없는 골프공을 상

상하기조차 어렵다. 표면이 매끈한 공을 사용하지 않고 왜 우툴두툴한 공을 사용할까? 앞에서도 여러 번 언급했지만, 공이 날아가는 동안에는 <그림 11.9>와 같이 공기의 흐름이 갈라져 공의 후방에서 후류라는 것이 생긴다. 공이 날아가는 방향의 앞부분은 공이 공기를 밀어 공기의 밀도가 높아지고 뒷부분은 밀도가 낮아진다. 즉 공의 앞부분의 공기압은 높아지고 뒷부분은 압력은 낮아진다. 그런데 모든 물체는 공기의 압력이 높은 곳에서 낮은 곳으로 당겨지므로 공이 앞으로 나아가려는 추진력이 약해진다.

공의 표면에 딤플이 없는 경우에는 <그림 11.9>와 같이 공기의 흐름이 갈라지기 시작하는 지점이 앞쪽에 있어 후류가 넓게 형성된다. 그러나 딤플이 있는 경우에는 공기의 분리점이 좀 더 뒤쪽으로 밀려나고, 이 때문에 후류에 의해 압력이 낮아지는 부분이 작아진다. 따라서 공기의 저항이 딤플이 없는 경우보다 작아지므로 공의 추진력은 딤플이 없는 경우보다 커진다. 이것이 딤플이 있는 공이 더 멀리 날아가는 이유이다.

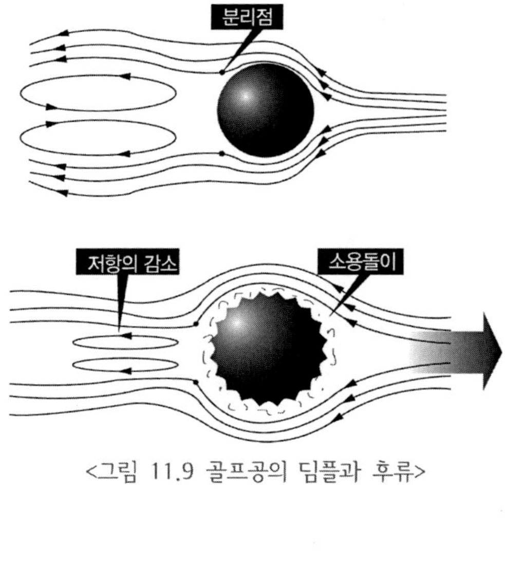

<그림 11.9 골프공의 딤플과 후류>

Technical Notes

1. 비거리와 Taylor 전개

함수 $f(x)$가 $x=0$ 근방에서 $(n+1)$번 미분가능하면

$$f(x)=f(0)+f'(0)x+\cdots+\frac{f^{(n)}(0)}{n!}x^n+\frac{f^{(n+1)}(x^*)}{(n+1)!}$$

으로 나타난다. 여기서 $f^{(n)}$은 함수 f의 n계 도함수이고, x^*는 0과 x 사이의 값이다.

특히 함수

$$f(z)=(1+2z)^{1/2}$$

를 테일러 전개하면

$$f(z)=f(0)+f'(0)z+\frac{1}{2}f''(0)z^2+\cdots=1+z+\cdots$$

이므로, 골프공의 최대 비거리는 식 (11.16)으로부터

$$R_m=\frac{v_0^2(1+2z)^{1/2}}{g}=\frac{v_0^2}{g}(1+z+\cdots)=\frac{v_0^2}{g}(1+\frac{gh}{v_0^2}+\cdots)$$
$$\approx\frac{v_0^2}{g}+h$$

을 얻는다.

2. 벡터의 내적과 코사인 제2법칙

벡터 $v=(x,y,z)\in R^3$의 크기를

$$|v|=\sqrt{x^2+y^2+z^2}$$

로 정하고, 벡터공간 R^3에서의 벡터 $u=(x_1,y_1,z_1)$, $v=(x_2,y_2,z_2)$의

내적(inner product)을

$$(u, v) = x_1x_2 + y_1y_2 + z_1z_2$$

로 정하면

$$(u,u) = |u|^2,\ (u,v) = |u||v|\cos\theta$$

인 관계가 성립한다. 여기서 θ는 두 벡터 u와 v사이의 각의 크기이다.

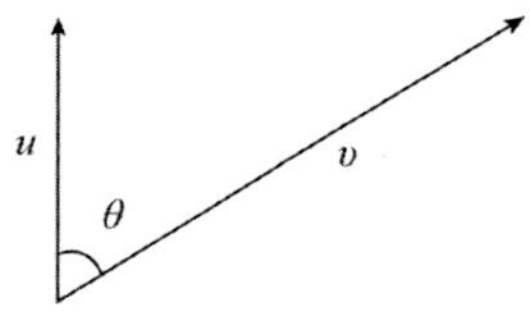

그러면 벡터의 내적의 성질로부터

$$\begin{aligned}|u-v|^2 &= (u-v, u-v)\\ &= (u,u) + (v,v) - 2(u,v)\\ &= |u|^2 + |v|^2 - 2(u,v)\\ &= |u|^2 + |v|^2 - 2|u||v|\cos\theta\end{aligned}$$

이 성립한다는 것을 알 수 있다. 이것은 코사인 제2법칙이 성립한다는 것을 말해준다.

3. 딤플의 발견

초창기의 골프공은 지금과 같이 딤플이 있는 공이 아니라 물에 적신 거위 털을 소나 말가죽으로 싼 것을 사용하였다. 그러다가 19세기에 구타페르카라는 고무를 공의 형태로 압축해서 만들어 사용하였다. 그러나 이것은 대량 생산이 되지 않아 값이 비쌌기 때문에 골프를 하는 사람들은 이런 공을 여러 번 사용하게 되었고, 이렇게 사용하는 과정에서 공의 주위에 크고 작은 상처가 생기게 되었다. 그런데 신기하게도 상처가 있는 공이 훨씬 더 잘 날아간다는 사실을 발견하게 되었고, 이 발견이 딤플이 있는 공의 발명으로 이어졌다. 물론 당시의 사람들은 그 이유가 대기의 저항 때문이라는 것을 알지 못하였고 경험적으로 상처가 있는 공이 잘 나간다는 것을 알게 되었다.

전자의 발견으로 1906년 노벨 물리학상을 받은 캐번디시(Cavendish) 연구소의 톰슨(Thomson; 1856－1940)은 1910년 3월 영국 왕립연구소에서 골프에 관한 논문을 발표하였는데, 이것을 "골프 동력학"이란 논문으로 1910년 12월 <Nature>에 게재하였다. 이 내용은 골프공이 위로 날아가지만 경우에 따라 슬라이스(slice)가 나기도 하고 훅(hook)이 나기도 하는데, 그 이유는 골프공 주위의 압력 차 때문이고, 이 압력차가 골프공의 표면에 영향을 받는다는 것이다. 요즈음에는 모든 골프공이 딤플을 가지고 있지만, 그 이유는 100년 전에 딤플의 효과를 발견한 물리학자 톰슨의 덕이다.

참고문헌

[1] 김홍종, **미적분학** 2, 서울대학교출판부(2008)

[2] 마스다 마사요시, **골프물리**, 김문집 옮김, 북스힐(2006)

[3] 조형미디어, **골프는 과학이다**, (2001)

[4] D. Bittel, *Maximizing the range of a projectile launched by a simple pendulum*, The Physics Teacher, 43(2005), 98－100

[5] S. K Bose, *Maximizing the range of the shot put without calculus*, American Journal of Physics, 51(1983), 458－459

[6] R. A. Brown, *Maximizing the range of a projectile*, The Physics Teacher, 30(1992), 344－347

[7] D. B. Lichtenberg and J. G. Wills, *Maximizing the rage of the shot put*, American Journal of Physics, 46(1978), 546－549

[8] W. S. Porter, *The range of a projectile*, The Physics Teacher, 15(1977), 358

[9] R. White, *On the efficiency of the golf swing*, American Journal of Physics, 74 (2006) 1088～1094

제12장 스키

12.1 스키 장비 나르기

겨울 스포츠 중 가장 대중적인 것은 스키일 것이다. 스키는 나무나 메탈 등으로 만들어진 얇은 판자에 평평한 구두나 장화를 신고 눈 위를 활주하는 스포츠이다. 우리나라에서도 일찍이 스키나 썰매가 이용되었지만, 요즈음 우리가 즐기는 스키는 1930년대 북유럽으로부터 들어왔다. 우리나라에는 약 20개의 스키장이 있으며, 1년에 약 650만 명이 스키를 즐긴다. 스키를 비롯한 겨울스포츠의 큰 관심이 2018년 평창 동계올림픽을 개최하는 계기가 되었다.

스키인구가 점점 늘어나다보니 안전사고도 자주 일어나며, 사고는 아무래도 사람들이 많이 이용하는 시간인 오후에 많이 일어난다.

<그림 12.1 스키점프, 바이애슬론, 노르딕, 활강>

스키를 안전하게 타기에 필요한 장비로 스키(ski), 신발(부츠, boots), 지팡이(폴, pole), 장갑(glove), 안전모자(헬멧, helmet), 보호안경(고글, goggle)을 갖출 필요가 있다. 구성원이 5명인 동아리회원이 모두 스키를 타기 위해서는

$$2+2+2+2+2=10(\text{개})$$

의 스키가 필요하다. 소규모의 집단에서는 필요한 장비의 개수를 하나하나 세어도 별다른 불편함이 없다. 그런데 150명이 스키학교에 입학하여 스키를 배우러 간다고 할 때, 2를 150번 더해서 필요한 스키의 수를

$$2+2+2+\cdots+2=300$$

의 값을 구한다면 좀 불편하다는 생각을 갖게 될 것이다. 그러나 곱셈기호를 사용하여 2를 150번 더하는 것을 간단히

$$2\times 150$$

라고 나타낼 수 있다. 이것은 스키 2개를 한 세트로 보아 150 세트의 스키 수를 구하는 것과 같다. 위의 규칙을 자세히 살펴보면, 일반적으로 n명이 스키를 타기 위해 필요한 스키의 수가

$$2\times n$$

으로 나타낼 수 있을 알 수 있다. 이런 면에서 보면, 몇 가지의 관찰로부터 규칙성을 발견하고 일반화하면 여러 가지 문제를 한꺼번에 쉽게 해결할 수 있다. 이런 것이 수학의 힘이다.

스키를 타러 가기 전 모든 장비를 차에 실어야 하는데, 구성원 A, B, C, D, E가 각각 스키(s), 부츠(b), 폴(p), 헬멧(h), 장갑(g), 고글(o) 중 한 가지를 책임지고 차에 싣기로 하면 모든 장비를 빠짐없이 싣게 되는가? 빠짐없이 다 가지고 가는지 확인하기 위해서는 구성원과 스키장비의 종류를 하나하나 짝을 맞추어 보면 된다.

예를 들어 다음과 같이 장비를 옮긴다고 생각해보자.

구성원	짝짓기	스키장비
A	————	s
B	————	b
C	————	p
D	————	h
E	————	g
		o

<그림 12.2 대응>

사실 구성원이 5명이고 장비의 종류가 6가지이므로, 구성원 한명이 장비 한 종류만 옮긴다면 장비를 다 챙길 수 없다는 것을 우리는 일일이 짝을 맞추어보는 번거로움이 없더라도 이미 알고 있다. 사실 이것도 머릿속으로 짝을 맞추어 보았기 때문에 가능하지만 말이다.

어쨌든 우리는 두 모임에서 어느 모임에 속한 구성원의 수가 더 많은지는 각 구성원의 수를 세어보지 않더라도, 위와 같이 하나씩 하나씩 짝을 지어보면 알 수 있다. 이와 같이 모임의 구성원끼리 짝을 짓는 것(관계를 맺는 것)을 대응시킨다고 한다. 이제 대응을 좀 더 수학적으로 표현해보는 방법을 알아보자.

표현을 간단히 나타내기 위하여, 구성원의 모임과 스키 장비의 모임을 각각 집합

$$X=\{A, B, C, D, E\},\ \ Y=\{s, b, p, h, g, o\}$$

로 나타내자. 그러면 위 <그림 12.2>의 짝짓기에서는 집합 X의 모든 원소 하나하나에는 집합 Y의 원소가 하나씩만 대응되어 있다. 이와 같은 대응을 수학에서는 집합 X에서 집합 Y로의 함수라고 한다.

그러나 다음 <그림 12.3>과 같이 X의 구성원 E가 Y의 구성원 장갑(g)과 고글(o)을 동시에 챙기는 대응은 함수가 아니다. 왜냐하면 함수가 되려면 X의 각 원소에 Y의 원소 하나만 대응되어야 하는데, X의 원소 E에 대하여 Y의 원소 g와 o 두 개가 대응되었기 때문이다.

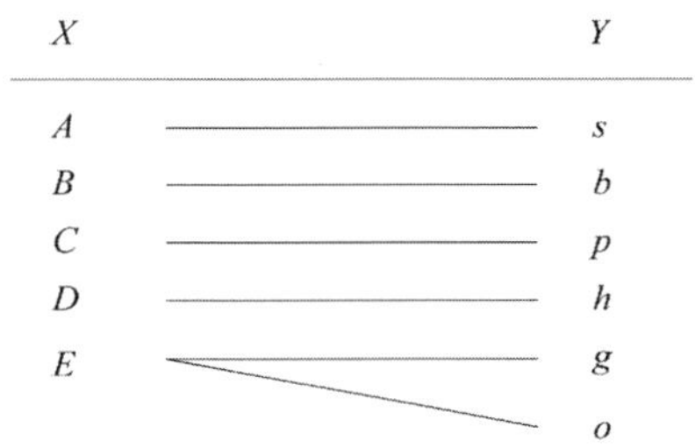

<그림 12.3 함수가 아닌 관계>

위에서 알 수 있듯이, 수학에서의 함수가 되는 대응은 보통 우리가 일상생활에서 이야기하는 대응과는 다른 개념이다. 이렇게 같은 단어이지만 일상의 용어의 뜻과 수학에서의 용어의 뜻이 다른 이유 때문에, 사실 함수는 이해하기가 쉽지 않은 개념이다. 이런 이유에서 보통 사람들은 수학을 어려워한다. 그러나 분명한 의사소통을 위해서는 서로가 사용하는 단어의 뜻을 명확히 정해둘 필요가 있다. 이렇게 하는 것을 수학에서는 정의한다고 한다.

어쨌든 집합과 함수는 수학에서 굉장히 중요한 기본이 되는 개념이므로 그 뜻을 분명하게 잘 이해를 하여야 한다. 함수는 두 집합 사이에 어떤 관계가 있는지를 잘 말해준다. 예를 들어 x명이 스키를 신을 때 필요한 스키의 개수를 y라 하면, 이들 사이의 관계는

$$y = 2x$$

로 나타난다. 이때 x는 자연수이고 y도 자연수이므로, 이 관계는 자연수의 부분집합에서 자연수의 부분집합으로의 함수이다. 여기서 굳이 자연수의 부분집합이라고 한 이유는 자연수의 집합의 개수는 무한한데 지구상에 존재하는 스키의 개수가 무한할 수가 없으므로 자연수 전체의 집합을 생각하지 않고 그 부분집합을 생각한 것이다.

함수의 예를 하나 더 들어보자. 외국의 스키장에 가면 스키장의 기온이 30°F라는 것을 볼 수가 있다. 그런데 섭씨온도에 익숙한 우리로서

는 화씨 30도가 추운 날씨인지 아닌지, 섭씨로 영상의 기온인지 영하의 기온인지 느낌이 잘 오질 않는다. 따라서 우리는 화씨온도를 섭씨온도로 고쳐보아야 그 온도를 가늠할 수 있다. 그러기 위해서는 화씨온도와 섭씨온도가 정해진 규칙을 알아야 한다.

물이 어는 온도와 끓는 온도 사이를 100등분하면 화씨온도의 경우는

$$\frac{212-32}{100}=\frac{9}{5}$$

이고, 섭씨온도로는

$$\frac{100-0}{100}=1$$

이므로, 섭씨온도가 1도 올라가면 화씨온도는 $\frac{9}{5}$도 올라가야 한다는 것을 알 수 있다. 이것을 비례식으로 나타내면

$$y=\frac{9}{5}x$$

된다. 이것은 섭씨온도가 0도일 때 화씨온도도 0도임을 나타낸다. 그런데 섭씨온도가 0도일 때 화씨온도는 32도이므로, 섭씨온도 x 화씨온도 y 사이에는

$$y=\frac{9}{5}x+32 \quad \text{또는} \quad x=\frac{5}{9}(y-32) \tag{12.1}$$

의 관계가 성립한다. 이 경우 화씨온도 y는 섭씨온도 x에 따라 유일하게 결정된다. 따라서 $y=\frac{9}{5}x+32$는 x에 대한 함수이다.

함수의 관계를 한 눈에 알아보기 쉽게 그래프로 나타내면 편리한 경우가 많다. 예를 들어, 함수 $y=\frac{9}{5}x+32$의 그래프와 함수 $y=2x$의 그래프를 한 평면에 그리면 다음 <그림 12.4>와 같다.

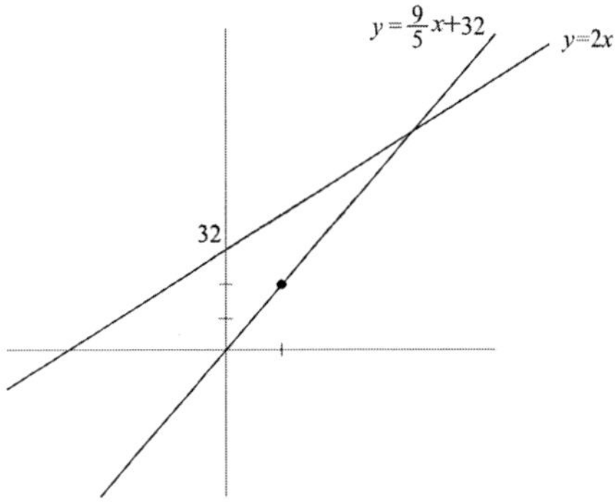

<그림 12.4 일차함수의 그래프의 기울기>

위의 <그림 12.4>를 보면 함수 $y = 2x$의 그래프를 나타내는 직선이 함수 $y = \frac{9}{5}x + 32$의 그래프를 나타내는 직선보다 더 가파르다. 이것을 수학에서는 기울기가 더 크다고 말한다. 사실 기울기는 경사도라는 말로 바꾸어 쓰기도 한다. 예를 들면 스키장에 오는 고속도로 표지판 중에 10%라고 쓴 것은 수평으로 100m를 간다고 가정할 때 높이가 10m 올라간다는 뜻이다. 다시 말해 도로를 직선으로 생각한다면 기울기가

$$\frac{10}{100} = \frac{1}{10}$$

이 된다는 것이다. 물론 기울기 또는 경사도가 클수록 더 빨리 올라간다는 뜻이다.

12.2 리프트권과 방정식

화씨온도 y는 섭씨온도 x의 값을 알면 함수

$$y = \frac{9}{5}x + 32$$

로부터 결정되고, 이것을 그래프로 나타내면 직선이 된다는 것을 알고 있다. 그런데 이것을

$$y - \frac{9}{5}x - 32 = 0 \tag{12.2}$$

을 만족하는 미지수 x, y의 값을 구하는 문제로 본다면, 이 문제는 방정식의 문제가 된다. 또한 이 방정식의 해를 좌표평면에 나타내면 함수 $y = \frac{9}{5}x + 32$의 그래프인 직선과 같다. 이런 의미에서 $y - \frac{9}{5}x - 32 = 0$을 이 직선의 방정식이라고 부른다. 우리는 일상생활에서 이런 방정식의 해를 구하는 문제를 자주 접하게 된다.

그런데 방정식 $x + 2 = 0$와 같이 미지수가 하나인 방정식을 가지고 문제를 해결하기 보다는, 여러 개의 미지수로 나타나는 방정식 문제가 많이 있다. 예를 들어 57,000원인 오후권과 66,000원인 오전과 오후 모두 탈 수 있는 주간권을 합하여 5장을 사고 312,000원을 지불하였다. 이 경우 오후권과 주간권을 각각 몇 장을 샀을까하는 문제가 있다고 하자. 이 문제의 해를 구하기 위하여 우리는 다음과 같이 표를 만들 수 있다. 이 표로부터 오후권 2장과 주간권 3장을 샀음을 알 수 있다.

오후권	주간권	금액
0	5	330,000
1	4	321,000
2	3	312,000
3	2	303,000
4	1	294,000
5	0	285,000

그런데 위의 문제를 식으로 나타내면 좀 더 쉽게 문제를 해결할 수 있다. 즉 오후권과 주간권을 각각 x, y장 샀다고 하면, 방정식

$$x + y = 5 \qquad ①$$

$$57000x + 66000y = 312{,}000 \qquad ②$$

을 얻는다. 이와 같이 두 개 이상의 방정식이 묶여있는 방정식을 연립방정식이라고 한다.

연립방정식을 풀기 위해서는 한 방정식에 적당한 상수를 곱하여 다른 방정식과 합하여 하나의 미지수를 소거한 다음, 차례로 미지수의 값을 구한다. 이와 같이 미지수를 소거하여 연립방정식을 푸는 방법을 가우스 소거법 또는 간단히 소거법이라고 한다.

<그림 12.5 스키장의 종합 매표소>

예를 들어 방정식 ②에서 미지수 x를 소거하기 위하여 ②−①×57000을 하면, 새로운 그러나 처음의 연립방정식과 동치인 연립방정식

$$x + y = 5 \qquad ①$$

$$9000y = 27000 \qquad ③$$

을 얻는다. ③에서 $y = 3$을 얻고, 이것을 ①에 대입하면 $x = 2$를 얻는다. 따라서

$$x = 2,\ y = 3$$

는 위 연립방정식의 두 방정식을 모두 만족하므로, $x=2$, $y=3$은 이 연립방정식의 해가 된다.

방정식을 풀어 미지수의 값을 구하는 것과는 달리, 미지수가 속하는 범위를 구하는 것도 중요하다. 예를 들어 스키장에서 모든 리프트와 곤돌라까지 탈 수 있는 시즌 회원권은 33만원이고, 곤돌라까지 탈 수 있는 주간권은 70000원이라고 하자. 이때 우리는 시즌권을 살까 아니면 매번 주간권을 살까를 고민하게 된다. 시즌권을 가지고 며칠을 타야지만 매번 주간권을 사서 타는 것보다 이익이 되겠는가? 사실 이 문제는 구구단만 알면 문제될 것이 없다. 시즌권이 33만원이고 주간권을 가지고 5일을 타면 35만원의 비용이 들어가므로, 5일만 타면 시즌권을 사는 것이 이익이다.

그러나 문제가 복잡해지고 미지수가 많아지면 간단히 해결할 수 없으므로, 이런 경우를 대비해서 식을 이용하여 문제를 해결하는 방법에 대하여 알아보자. 구하는 주간권을 구입하는 날의 수를 x라 하면, 주간권의 총합이 시즌권의 값보다 커야 하므로 다음과 같은 일차부등식

$$70000x \geq 330000$$

을 얻는다. 위 부등식의 양변을 70000으로 나누면

$$x \geq \frac{33}{7} \approx 4.714$$

이다. 그런데 x는 자연수이므로 x는 5 이상의 자연수이다. 따라서 5일 이상 타면 시즌권을 사는 것이 매번 주간권을 사서 스키를 타는 것보다 이익이다.

연립일차방정식과 마찬가지로 연립일차부등식을 생각할 수 있다. 예를 들어 다음과 같은 문제를 생각해 보자. 스키동아리에서 할인하여 한 장에 34200원인 오후권과 39600원인 주간권을 모두 합하여 20장을 사고, 그 금액이 70만 원 이상 75만 원을 넘지 않게 하려고 한다. 34200원짜

리 리프트권 몇 장을 사야 하는가? 이 물음에 대한 답을 찾기 위하여 34200원인 리프트권의 수를 x라 하면, 39600원인 리프트권의 수는 $20-x$이므로, 다음과 같은 연립부등식을 얻는다.

$$700000 \le 34200x + 39200(20-x) \le 750000$$

즉

$$700000 \le 34200x + 39200(20-x) \quad ①$$
$$34200x + 39200(20-x) \le 750000 \quad ②$$

부등식 ①을 풀면 $x \le 16.8$, 부등식 ②를 풀면 $6.8 \le x$이다. 따라서 위 연립부등식의 해는 $6.8 \le x \le 16.8$이다. 그런데 x는 자연수이므로 구하는 리프트권의 수는 7장 이상 16장 이하이다. 이와 같이 주어진 문제를 부등식을 이용하여 나타내면 문제를 쉽게 해결할 수 있다.

12.3 스키 슬로프와 기울기

슬로프가 직선이거나 경사도가 일정한 스키 슬로프가 실제로는 없지만, 그런 슬로프가 있다고 가정해보자. 이 경우에는 스키 슬로프의 출발점인 슬로프 정상에서의 경사도와 스키를 타고 내려오다가 중간에 쉴 수 있는 모든 지점에서의 경사도는 같을 것이다. 이것은 스키 슬로프가 직각삼각형의 빗변의 역할을 하기 때문이다.

직각삼각형 ABC에서 빗변 AB의 경사도는 높이 AC와 밑변 BC의 비, 즉

$$\frac{\overline{AC}}{\overline{BC}}$$

가 된다. 그런데, 빗변 AB 위에 임의의 한 점 D를 택하고 D에서 변 BC

에 내린 수선의 발이 만나는 점을 E라고 하자. 그러면 삼각형 ABC와 삼각형 DBE는 서로 닮은 삼각형이 된다. 다시 말하면 두 삼각형 ABC와 삼각형 DBE의 각 변의 길이의 비가 같다. 즉 두 삼각형 ABC와 삼각형 DBE는 서로 닮은 삼각형이므로

$$\overline{AB}:\overline{DB}=\overline{BC}:\overline{BE}=\overline{AC}:\overline{DE}$$

가 성립한다.

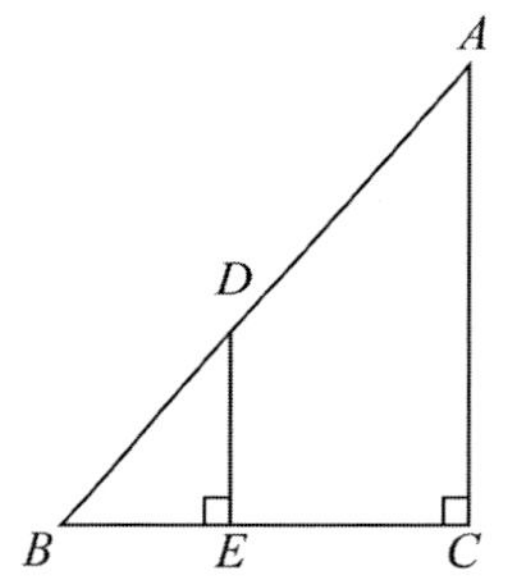

<그림 12.6 닮은 삼각형의 기울기>

직각삼각형 ABC에서

$$\overline{AC}=a,\ \overline{AC}=b,\ \overline{AB}=c$$

라고 하면, 빗변 AB의 기울기는

$$\frac{\overline{AC}}{\overline{BC}}=\frac{b}{a}$$

가 된다.

이와 같이 기울기를 길이의 비로 나타내기도 하지만, 기울기를 각의 크기로 나타낼 수 있다. 즉 $\angle ABC$의 크기를 가지고 빗변의 기울기를 정할 수 있다. 왜냐하면 직각삼각형에서 각의 크기와 변의 길이의 비 사이에는 다음과 같은 관계가 성립하기 때문이다.

직각삼각형 ABC에서 $\angle ABC$의 크기를 θ라고 할 때,

$$\sin\theta = \frac{b}{a},\ \cos\theta = \frac{c}{a},\ \tan\theta = \frac{b}{a} \tag{12.2}$$

라고 삼각비를 약속을 한다. 그런데 모든 직각삼각형에 대하여

$$(\text{높이})^2 + (\text{밑변의 길이})^2 = (\text{빗변의 길이})^2$$

인 피타고라스 정리가 성립한다. 다시 말하면 <그림 12.7>에서

$$a^2 + b^2 = c^2 \tag{12.3}$$

이 성립한다는 뜻이다. 그런데 위 식의 양변을 c^2으로 나누면

$$\left(\frac{a}{c}\right)^2 + \left(\frac{b}{c}\right)^2 = 1$$

이므로, θ의 값에 관계없이 항상

$$(\sin\theta)^2 + (\cos\theta)^2 = 1 \tag{12.4}$$

이라는 아주 중요한 관계를 얻을 수 있다.

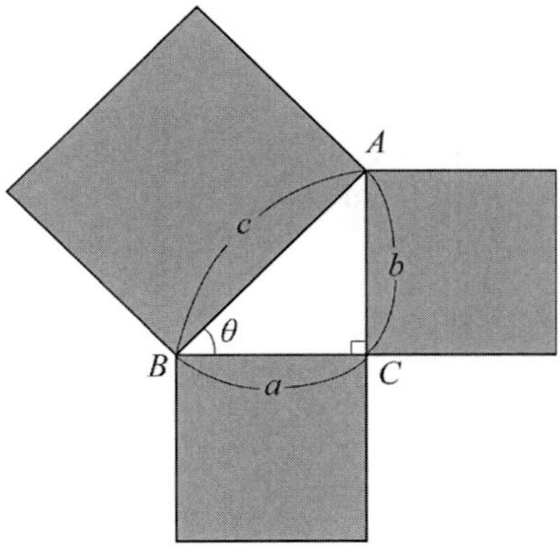

<그림 12.7 직각삼각형과 피타고라스 정리>

앞에서 알아본 것과 같이, 직각삼각형의 변의 길이 사이의 관계

$$a^2 + b^2 = c^2$$

는 어떤 직각삼각형이든 성립하며, 기울기 θ가 얼마이든 관계식

$$(\sin\theta)^2 + (\cos\theta)^2 = 1$$

이 성립한다. 사실 수학자들은 위와 같이 어쩌면 간단할지 모르지만 이러한 것을 잘 관찰하여 많은 사람들이 쉽게 사용할 수 있도록 규칙을 발견해 내어 '수학'을 만들어 낸다. 새로운 것을 만들어내는 일은 쉬운 것이 아니다. 수학자는 단지 새로운 것을 만들어 사람들의 머리를 복잡하게 하고 수학을 어렵게 느끼도록 하려 것이 아니라, 자신은 힘들더라도 다른 사람들을 편리하게 해주고 인류의 발전에 이바지하는 홍익인간의 이념을 실현하는 사람들이다. 피타고라스의 위대함도 여기서 나온다고 할 수 있다.

12.4 스키

이제 본격적으로 운동으로서의 스키에 대하여 알아보자. 사람들이 운동을 할 때는 어느 운동이던지 물리적인 힘에 대항하는 일을 하기 때문에 힘이 든다. 이런 힘에는 중력이나 마찰력뿐만 아니라 사람이 움직일 때 생기는 공기의 흐름에 따른 잡아끄는 뒤끌림 힘(drag force) 등이 있다. 스키를 탈 때도 마찬가지로 이런 힘들이 작용한다.

지구상의 모든 물체는 있던 모습 그대로 있으려고 하는 성질(관성)이 있다. 이 성질을 뉴턴의 운동 제1법칙 또는 관성의 법칙이라고 한다. 이로 인해 스키를 타기 위해서는 관성의 법칙을 깨는 힘을 필요로 한다. 가만히 서 있으려는 성질을 깨기 위하여 우리는 폴로 밀어 앞으로 나아간다. 이 과정에서 우리는 힘을 써서 운동을 하게 되는데 이때

$$(\text{운동량}) = (\text{힘}) \times (\text{시간})$$

이 된다.

운동량을 M, 힘을 F, 시간을 t라고 하면 M은 t에 대한 일차식

$$M = Ft$$

로 나타난다. 그러므로 힘이 일정한 경우 운동량은 운동을 한 시간에 비례하게 된다는 것을 알 수 있다.

사실 폴을 밀어 스키를 앞으로 나가게 하는데 힘이 드는 이유는 스키가 앞으로 나아가는 것을 방해하는 힘이 작용하기 때문이다. 이 힘을 마찰력이라고 하는데 마찰력은 힘의 방향과 반대 방향으로 작용한다. 그러므로 스키 바닥에 작용하는 힘과 마찰력이 같으면 스키는 정지해 있고 힘이 마찰력보다 크면 앞으로 나아간다. 또 스키가 내려갈 때는 속도를 줄이기 위하여 스키의 뒷부분에 힘을 주어 마찰력을 크게 함으로 속도를 줄인다. 이것은 마치 일종의 사이클링을 할 때 자전거의 브레이크를 잡아 자전거의 속력을 줄이는 것과 같다.

폴로 밀어 스키를 밀 때 우리도 모르는 사이 허리를 약간 구부려 밀 때가 있다. 왜 똑바로 서서 폴을 지면에 수직으로 세워 폴을 힘껏 누리면 앞으로 나아가지 않고 비스듬히 뒤로 젖혀서 밀어야 스키가 잘 나갈까? 그 이유는 앞으로 나아가기 위해서는 단지 앞으로 작용하는 힘이 필요하기 때문이다.

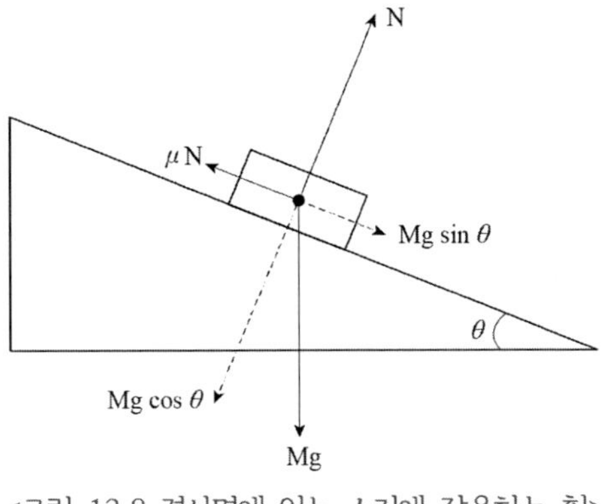

<그림 12.8 경사면에 있는 스키에 작용하는 힘>

사실 이론적으로는, 제일 효과적으로 폴을 통해 지면을 미는 방법은 가능한 한 지면에 평행하도록 미는 것이다. 그러나 실제로는 그렇게 할 수가 없다. 그렇게 하려면 우리의 자세를 완전히 낮추어야 하는데, 그러려면 거의 쪼그리고 앉아서 스키를 타야하는데 그럴 수는 없으니 말이다. 그럼 어떻게 하여야 할까? 스키를 효과적으로 미는 방법을 이해하기 위해서는 폴을 통해 힘이 지면에 전달되는 과정을 좀 더 세밀히 알아보아야 한다.

먼저 스키에 대하여 알아보자. <그림 12.9>에서와 같이, 스키의 길이(코드 길이)란 스키의 앞쪽 끝(팁, tip)에서 뒤쪽 끝(테일, tail)까지의 길이를 말하며, 이 길이는 보통 2m 이하이다. 사실 스키의 길이보다 더 중요한 부분은 스키를 신었을 때 바닥에 닿는 접촉 길이(C)이다. 왜냐하면 이것이 스키가 미끄러져 내려가는 것과 방향을 전환하는 회전을 결정하기 때문이다. 또 앞쪽에서 스키가 공중에 뜨기 시작하는 부분(shovel)의 넓이를 쇼블 폭(S)이라 하고 뒤쪽에서 스키가 공중에 뜨기 시작하는 부분의 넓이를 테일 폭(T)이라 하며, 스키의 폭이 가장 좁은 곳을 허리(웨이스트, waist), 허리의 폭을 허리 폭(W)이라고 하자.

또 스키의 허리에서 에지가 들어간 깊이를 사이드 컷(SC, side cut)이라고 하는데, 접촉 길이와 사이드 컷이 스키 에지의 휘어진 정도를

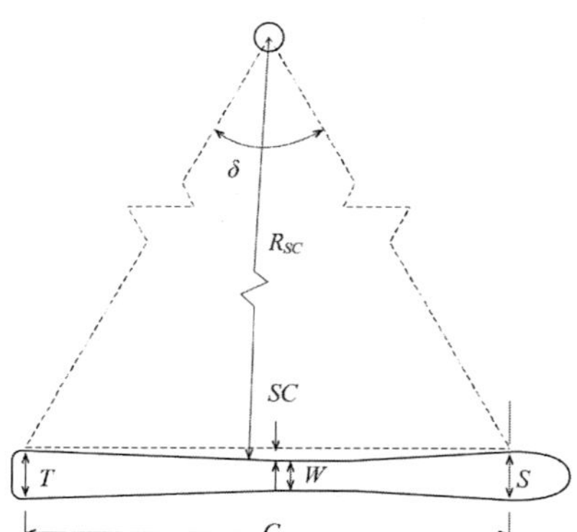

<그림 12.9 스키의 회전 반지름>

나타내는 곡률을 결정하고, 곡률은 회전 반지름(사이드 컷 반지름, R_{SC})을 결정한다. 이때 회전 반지름은 대략

$$R_{SC} = \frac{C^2}{8SC}, \quad SC = \frac{1}{4}(S - 2W + T) \tag{12.5}$$

로 나타난다. 스키의 회전 안정도에 영향을 주는 요인은 또 하나가 있는데 그것이 테이퍼(taper)이다. 이것은

$$\frac{1}{2}(S - T)$$

로 정의되는데, 꼬리의 폭이 넓은 스키는 뒷부분을 따라 내려가는 경향이 크고 쇼블이 넓은 스키는 앞부분을 따라 움직이는 경향이 강하다.

12.5 카빙 턴

사이드 컷은 스키가 옆으로 미끄러지지 않고 스키의 에지를 따라 회전하는 카빙 턴(carving turn)에 영향을 주는데, 완전한 카빙 턴은 스키가 눈 위에 평평하게 놓이거나 눈과 적당한 각을 이루고 휠 때 생긴다. 아래 <그림 12.10>과 같이 스키가 눈과 이루는 각의 크기를 ϕ라 하면, 스키가 눈과 평평한 상태에 있는 경우는 $\phi = 0$가 된다.

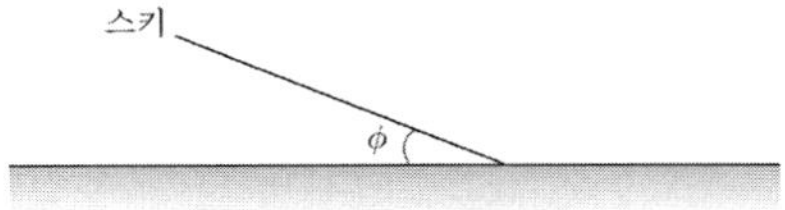

<그림 12.10 지면과 스키 에지 사이의 각>

스키가 눈에 평평하게 놓여 있는 경우, 완전한 카빙 턴이 되어 카빙 턴의 반지름 R_T는

$$R_T = R_{SC}$$

가 된다.

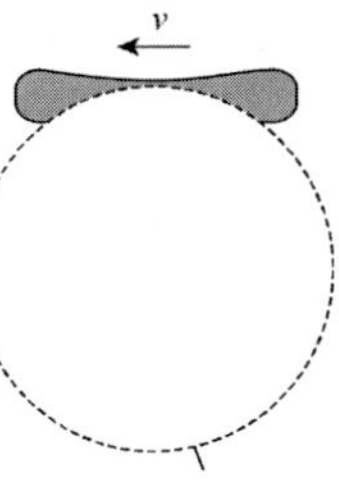

<그림 12.11 카빙 턴하는 스키의 궤도>

그러나 스키가 눈과 평평한 상태가 아니면 $\phi \neq 0$이므로, 완전한 카빙 턴을 하려면 스키의 중앙부분을 부츠를 통하여 눌러 스키를 평평하게 만들어야 한다. 사실 스키를 평평하게 하는 것은 무게를 스키에 분산시켜 눈을 파고들지 않으면서 눈과의 마찰을 줄이는 효과를 가지고 온다. 만약 스키가 눈과 ϕ의 각을 이루는데도 스키를 누르지 않는다면, 다음 <그림 12.12>와 같이 스키는

$$a = R_{SC}, \quad b = R_{SC}\cos\phi$$

타원을 그리면서 움직이게 되어 카빙 턴을 할 수가 없다. 다시 말하면, 스키의 안쪽 에지는 타원 곡선을 따라 움직일 수가 없으므로 미끄러지게 된다. 그러므로 사이드 컷이 눈에 닿았을 때 반지름이 $b = R_{SC}\cos\phi$가 되는 원을 만들도록 우리는 스키를 충분히 눌러 주어야 한다.

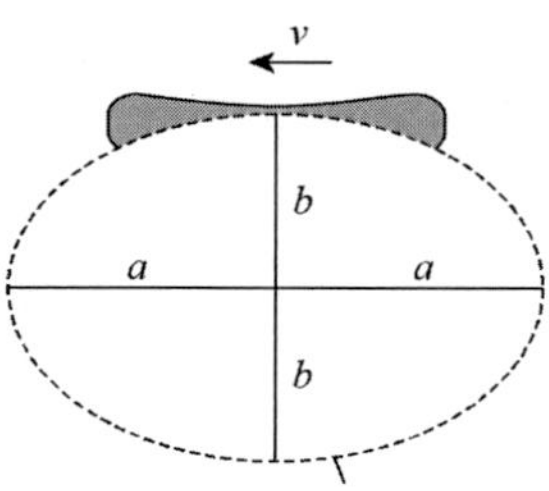

<그림 12.12 카빙 턴이 아닌 스키의 궤도>

스키가 경사면을 따라 움직일 때 스키바닥과 에지가 이루는 각을 ϕ 라 하면, <그림 12.10>에서 보듯이 실제의 사이드 컷은 $\dfrac{SC}{\cos\phi}$가 되므로, 접촉선에 의해서 만들어지는 원(S, W, T를 지나는 원)의 반지름(곡률반지름)은

$$R_{con} = \frac{C^2\cos\phi}{8SC}$$

가 된다.

12.6 스키와 힘

스키의 허리 부분에서 스키부츠를 통하여 스키를 누르면 <그림 12.13>과 같은 힘들이 작용한다.

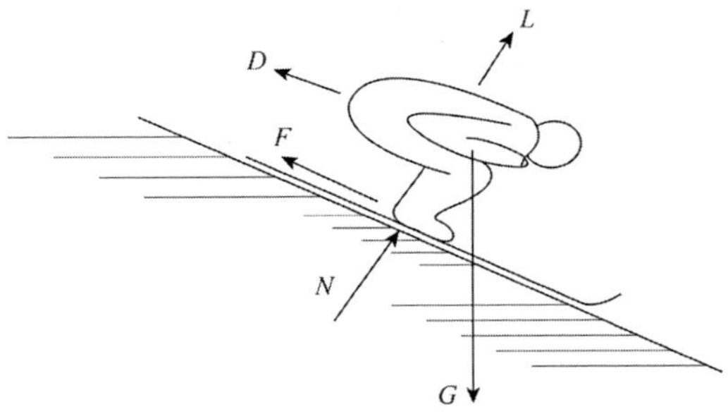

<그림 12.13 스키에 작용하는 힘>

스키어가 스키를 타고 슬로프를 내려올 때는 중력에 대해서 일을 하지 않고 주로 마찰력과 뒤로 잡아당기는 힘에 대해서 일을 하게 된다. 따라서 스키어가 움직인 거리를 s라고 하면, s는 뉴턴의 운동 제2법칙에 의하여 미분방정식

$$m\frac{d^2s}{dt^2}=F_g-F_\mu-D \tag{12.6}$$

와 같이 주어진다. 여기서 m은 스키어의 질량, $s=s(t)$는 시간 t 동안 움직인 거리, F_g는 중력, F_μ는 스키와 눈 사이의 마찰력, D는 스키어를 뒤로 잡아당기는 뒤끌림 힘(drag force)이다.

만약 슬로프의 경사각이 일정하게 α라면, 위 식은

$$\frac{d^2s}{dt^2}=g(\sin\alpha-\mu\cos\alpha)-\frac{C_DA\rho}{2m}\left(\frac{ds}{dt}\right)^2 \tag{12.7}$$

로 나타난다. 여기서 μ는 마찰계수, C_D는 뒤끌림 계수(drag coefficient), A는 공기의 저항을 받게 되는 스키어의 전면 넓이, ρ는 공기의 밀도, $g\approx 9.81m/\sec^2$는 중력가속도이다. 그런데 $g, \alpha, \mu, m, C_D, A, \rho$가 모두 상수이므로 $g(\sin\alpha-\mu\cos\alpha)$와 $\frac{C_DA\rho}{2m}$도 상수이다. 여기서

$$k^2=g(\sin\alpha-\mu\cos\alpha),\ h^2=\frac{C_DA\rho}{2m}$$

이라 놓으면, 위의 미분방정식은 간단히

$$\frac{d^2s}{dt^2}=k^2-h^2\left(\frac{ds}{dt}\right)^2 \tag{12.8}$$

로 나타나게 된다. 이제

$$s'=v=\frac{ds}{dt}$$

라고 하면,

$$s''=\frac{d^2s}{dt^2}=\frac{d}{dt}\left(\frac{ds}{dt}\right)=\frac{ds'}{dt}$$

이므로 위 식은

$$s'' = k^2 - h^2(s')^2$$

으로 나타난다. 즉

$$\frac{s''}{k^2 - h^2(s')^2} = 0 \tag{12.9}$$

이다. 이것을 부분분수 꼴로 고쳐서 적분하면

$$v^2 = \frac{k}{h}(1 - e^{-2hs}) + v_0^2 e^{-2hs} \tag{12.10}$$

를 얻는다. 여기서 v_0는 $t = 0$일 때의 속도이다.

12.7 스키 점프

스키 점프대를 대략적으로 나타내면 다음과 같다.

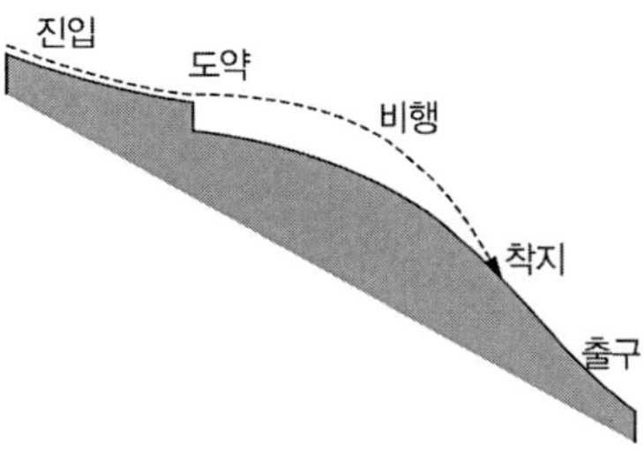

<그림 12.14 스키점프대>

스키 점프를 간단히 나타내기 위하여 선수를 한 점으로 나타내고, 수평방향과 수직방향에 대한 방정식을 나타내면 각각

$$\frac{d^2x}{dt^2} = b_L v^2 \sin\alpha - b_D v^2 \cos\alpha \tag{12.11}$$

$$\frac{d^2z}{dt^2} = b_L v^2 \cos\alpha + b_D v^2 \sin\alpha - g \tag{12.12}$$

로 나타난다. 여기서

$$v = \sqrt{\left(\frac{dx}{dt}\right)^2 + \left(\frac{dz}{dt}\right)^2}$$

이다.

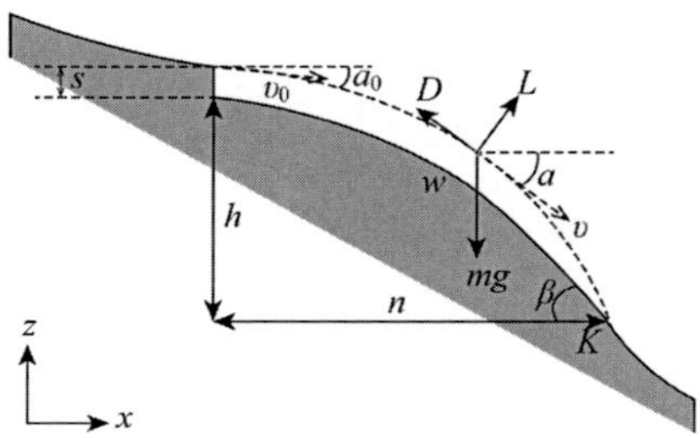

<그림 12.15 스키점프>

스키 점프는 앞으로 나아가는 속도도 중요하지만 위로 어떻게 나느냐가 얼마나 멀리 날아가느냐를 결정한다. 위로 뜨는 힘을 양력이라고 하는데, 위의 <그림 12.15>에서 L이 양력을 나타낸다. 양력 L은

$$L = \frac{1}{2}\rho C_L S_L v^2$$

으로 나타난다. 여기서 C_L은 양력 상수이고 S_L은 양력 방향으로의 물체의 넓이이다. 그런데 C_L은 사람마다 다르기 때문에 이론적으로 구하기가 어려워 실험을 통해 구하여야 하고, 공중에 매달린 카메라를 이용하여 S_L을 구하여야 하는데 공기의 흐름에 의해 카메라도 움직여 측정에 오차가 있기 마련이다. 따라서 확실하게 멀리 날기 위해서는 속도를 높여야 한다. 그런데 몸을 뒤로 당기는 뒤끌림 힘 D도

$$D = \frac{1}{2}\rho C_D S_D v^2$$

으로 나타나므로, 몸의 자세를 적절히 조절하여 점프를 하여야 한다.

선수들의 처음 도약(take - off) 속력은 $25\mathrm{m/s}$이고, 진입(inrun) 각의 크기는 11°, 위로 도약할 때의 처음 속력은 2.5~3m/s이므로 $\alpha_0 = 4° - 5°$가 된다. 또 풍동 실험의 결과 부양/저항의 비 $L/D = 1.1$이므로 $b_L = 1.1 b_D$가 된다. 한편 점프하는 선수의 몸무게에 대한 저항은 $D/\mathrm{mg} = 0.4$이다. 따라서 $b_D = 0.4\mathrm{g}/v_0^2$이 된다.

그런데 위의 방정식 (12.11)~(12.12)를 푸는 대수적인 방법은 없다. 그러나 수치 해석적으로 근사해를 구할 수 있다.

일본의 와타나베(Watanabe) 교수는 이런 원리에 따라 어떤 자세가 멀리 날 수 있는가를 풍동 실험을 통하여 얻어, 그 결과를 1998년 나가노(Nagano) 올림픽에 출전하는 일본 선수들의 훈련에 적용하여 일본의 스키 점프 선수들이 올림픽 메달을 따는 데 기여하였다.

Technical Notes

1. 스키의 곡률 반지름

위의 <그림 12.9>에서

$$C \approx \delta R_{sc}$$

이고

$$\cos x = 1 - \frac{x^2}{2!} + \frac{x^4}{4!} - \frac{x^6}{6!} + \cdots$$

이므로

$$SC = R_{sc}\left[1 - \cos\frac{\delta}{2}\right] \approx R_{sc}\left[1 - 1 + \frac{1}{2}\left(\frac{\delta}{2}\right)^2\right] = \frac{R_{sc}\delta^2}{8} = \frac{C^2}{8R_{sc}}$$

이다. 따라서 스키의 회전 반지름에 관한 관계식 (12.5)인

$$R_{sc} = \frac{C^2}{8SC}$$

를 얻는다.

2. 피타고라스

피타고라스는 수에 대한 연구를 많이 했는데, 앞에서 알아본 피타고라스의 정리에서

$$a^2 + b^2 = c^2$$

을 만족하는 자연수가 있다. 이들 자연수들의 짝을 피타고라스의 수라고 부른다. n이 홀수일 때는 n, $\frac{n^2-1}{2}$, $\frac{n^2+1}{2}$이 피타고라스의 세 수이

고, m이 짝수일 때는 m, $\left(\frac{m}{2}\right)^2-1$, $\left(\frac{m}{2}\right)^2+1$이 피타고라스의 세 수이다. 피타고라스의 정리를 일반화하면, n이 2보다 클 때

$$a^n+b^n=c^n$$

을 만족하는 정수 a, b, c가 존재하느냐이다. 이것이 페르마가 1637년 디오판투스(Diophantus; 200?-284?)의 <산술>의 여백에 적어 놓은 그 유명한 페르마의 마지막 정리이다. 이 문제는 표현이 간단하여 많은 사람의 흥미를 끌어왔으나 350년이 넘도록 증명되지 않았었다. 그러다가 1994년 드디어 와일즈(A.Wiles' 1953-)에 의하여 $n \geq 3$인 경우에는 페르마의 마지막 정리를 만족하는 정수해가 없다는 것이 증명되었다.

3. 연립방정식

정확한 출판 연대는 알 수 없지만 기원전 200년경으로 예상되는 <구장산술>의 제8장에는 "일등품 곡물 3개와 2등품 2개, 3등품 1개의 양은 39이고, 1등품 2개, 2등품 3개, 3등품 1개의 양은 34이고, 1등품 1개, 2등품 2개, 3등품 3개의 양은 26이다. 1, 2, 3등품의 곡물은 각각 얼마만한 양인가?"하는 문제가 실려 있다.

이것을 지금의 문제로 바꾸면 미지수가 3개인 방정식

$$\begin{aligned} 3x+2y+z&=39 \\ 2x+3y+z&=34 \\ x+2y+3z&=26 \end{aligned}$$

으로 나타난다. 이 방정식의 풀이방법으로 먼저 위의 방정식을

$$\begin{matrix} 1 & 2 & 3 \\ 2 & 3 & 2 \\ 3 & 1 & 1 \\ 26 & 34 & 39 \end{matrix}$$

와 같이 나타내고, 가운데 줄을 중심으로

$$\begin{array}{ccc} 1\ 0\ 3 & 0\ 0\ 3 & 0\ 0\ 3 \\ 2\ 5\ 2 & 4\ 5\ 2 & 0\ 5\ 2 \\ 3\ 1\ 1 & 8\ 1\ 1 & 36\ 1\ 1 \\ 26\ 24\ 39 & 39\ 24\ 39 & 99\ 24\ 39 \end{array}$$

와 같이 나타내어 풀었다. 즉 연립방정식

$$\begin{aligned} 2x+y \quad &= 39 \\ 5y+z &= 24 \\ 36z &= 99 \end{aligned}$$

를 얻어 미지수

$$x=\frac{99}{36}=\frac{33}{12},\ y=\frac{1}{5}\left(24-\frac{33}{12}\right)=\frac{51}{12},\ x=\frac{1}{2}\left(39-\frac{51}{12}\right)=\frac{139}{8}$$

의 값을 구하였다.

이것은 지금의 가우스 소거법과 같은 방법이다. 지금은 가로쓰기를 하지만, 한자를 붓으로 기록하던 시절에는 오른쪽에서 왼쪽으로 세로쓰기를 하였다. 이런 문화적 차이를 이해하고 위의 계수 계산을 쉽게 이해할 수 있을 것이다.

4. 벡터의 합성

앞에서 우리는 물체에 작용하는 힘에 대하여 이야기 하였다. 그런데 보통 세는 수 1, 2, 3, ...은 크기만을 가지고 있는데, 힘은 보통의 수와는 달리 크기뿐만 아니라 방향도 가지고 있다. 이와 같이 크기와 방향을 가지고 있는 양을 벡터라고 한다. 또 벡터가 아닌 양을 스칼라라고 한다. 우리가 지금까지 다룬 자연수나 정수 유리수는 모두 스칼라 양이다. 그러나 힘은 크기도 있지만 방향도 가지고 있어 벡터이다.

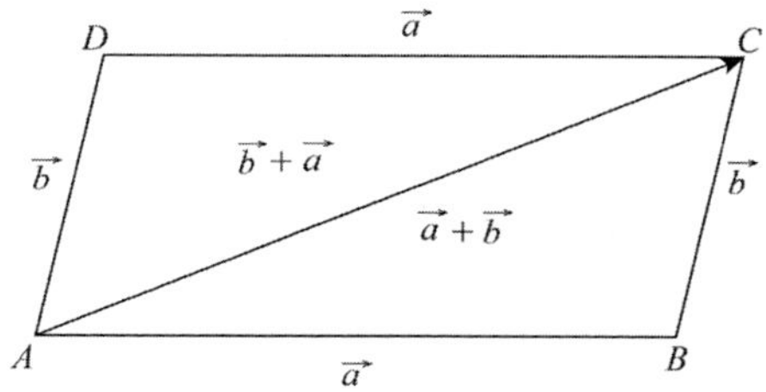

두 벡터 $\vec{a}, \vec{b}$에 대하여 $\vec{a}=\overrightarrow{AB}$, $\vec{b}=\overrightarrow{BC}$가 되도록 세 점 A, B, C를 잡고, 사각형 $ABCD$가 평행사변형이 되도록 점 D를 잡으면

$$\vec{a}+\vec{b}=\overrightarrow{AB}+\overrightarrow{BC}=\overrightarrow{AC}$$
$$\vec{b}+\vec{a}=\overrightarrow{AD}+\overrightarrow{DC}=\overrightarrow{AC}$$

따라서 $\vec{a}+\vec{b}=\vec{b}+\vec{a}$이므로 벡터의 덧셈에 대하여 교환법칙이 성립한다.

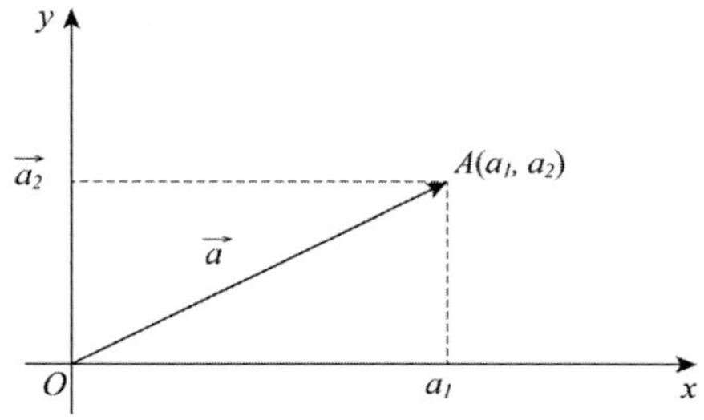

위치벡터 $\vec{a}=(a_1, a_2)$의 크기는 원점 O에서 벡터 $\vec{a}$의 종점까지 거리이므로

$$|\vec{a}|=\sqrt{a_1^2+a_2^2}$$

이다. 일반적으로 시작점이 (a, b), 끝점이 (c, d)인 벡터는 $(c-a, d-b)$로 나타난다. 이때 벡터 $(c-a, d-b)$의 크기는 원점에서 이 점까지의 거리인

$$\sqrt{(c-a)^2+(d-b)^2}$$

가 된다. 이와 같이 벡터를 나타내면, 평면 위의 모든 벡터는 원점을 시작점으로 하는 벡터로 나타낼 수 있고, 평면 위의 점을 나타내는 좌표는 시작점을 원점으로 하는 벡터로 생각할 수 있다.

5. 부분분수를 이용한 적분

방정식 (12.9)

$$\frac{s''}{k^2-h^2(s')^2}=0$$

의 왼쪽 항을 부분분수를 이용하여 나타내면

$$\frac{v'}{k^2-h^2v^2}=\frac{1}{2h}\left\{\frac{v'}{k-hv}+\frac{v'}{k+hv}\right\}$$

이다. 따라서 미분과 적분 사이의 관계

$$\{\ln f(x)\}'=\frac{f'(x)}{f(x)},\quad \int\frac{f'(x)}{f(x)}dx=\ln|f(x)|+C$$

을 이용하여 적분하면 된다.

6. 미분방정식

미분방정식 $\frac{d^2s}{dt^2}=k^2-h^2\left(\frac{ds}{dt}\right)^2$을

$$\frac{dv}{dt}=k^2-h^2v^2$$

으로 나타내고, 양변을 v로 나누면

$$\frac{1}{v}\frac{dv}{dt}=\frac{1}{v}(k^2-h^2v^2)$$

즉

$$\frac{dv}{dt}\frac{dt}{ds} = k^2v^{-1} - h^2v, \quad \frac{dv}{ds} + h^2v = k^2v^{-1}$$

인 베르누이(Bernoulli; 1700 - 1782) 방정식을 얻는다.

이제 $w = v^2$이라 두면

$$\frac{dw}{ds} = 2v\frac{dv}{ds}, \qquad \frac{1}{2v}\frac{dw}{ds} = \frac{dv}{ds}$$

이므로,

$$\frac{1}{2v}\frac{dw}{ds} + h^2v = k^2v^{-1}$$

이 된다. 다시 양변에 $2v$를 곱하고 $w = v^2$를 이용하면 일계의 미분방정식

$$\frac{dw}{ds} + 2h^2w = 2k^2$$

을 얻는다. 이 방정식의 해는

$$w(s) = \left(\frac{k}{h}\right)^2 + Ce^{-2h^2s}, \quad C\text{는 임의의 적분상수}$$

이다. 그런데 $w = v^2$이고 $v(0) = v_0$이므로

$$\begin{aligned}[v(s)]^2 &= \frac{1}{h^2e^{2hs}}(-k^2 + k^2e^{2h^2s} + h^2v_o^2) \\ &= \left(\frac{k}{h}\right)^2(1 - e^{-2h^2s}) + v_0^2e^{-2h^2s}\end{aligned}$$

을 얻는다.

참고문헌

[1] 정상권, 이재학, 박혜숙, 홍진곤, 박부성, 최홍원, 민진원, 김호경, **고등학교 기하와 벡터**, 금성출판사(2014)

[2] 차세대 과학교과서 연구개발위원회, **고등학교 과학**, 교학사(2006)

[3] M. L. Abell and J. P. Braselton, *Introductory differential equations with boundary value problems*, 3rd ed. Academic Press(2010)

[4] D.M. Burton, *The history of mathematics*, 6th ed., McGraw－Hill(2007)

[5] M. Denny, *Gliding for gold : The physics of winter sports*, The Johns Hopkins University Press(2011)

[6] V.J. Katz, *A history of mathematics*, Harper－Collins College Publishers(1993)

[7] D. Lind and S. P. Sanders, *The physics of skiing*, AIP Press(1997)

[8] S. Savolainen and R. Visuri, *A review of athletic energy expenditure*, using skiing as a practical example, Journal of Applied Biomechanics, 10(1994), 252－269

[9] http://www.real－world－physics－problems.com

찾아보기

정상권

서울대학교 수학교육과, 이학사
서강대학교 대학원, 이학석사
공군사관학교 수학교관
University of Texas at Arlington, PhD
University of Texas at Dallas, Assistant Visiting Professor.
서울대학교 교수

정봉진

성균관대학교, 체육학사
서울대학교 대학원, 스포츠매니지먼트석사
전 국제스포츠협력센터 주임연구원

한국수학 교육학회 수학교사 시리즈14

수학 IN 스포츠

2017년 1월 10일 초판 발행
2023년 1월 10일 초판 2쇄 발행

저 자 • 정상권, 정봉진
발행자 • 오판근
발행처 • (주) 교우

주 소 • 서울특별시 동대문구 약령시로 8 교우빌딩 2층
전 화 • 925-2861~2, 편집부 / 925-2825, 홈쇼핑 / 969-5762
팩 스 • 925-2860
E-mail • kyowoo@kyowoo.co.kr
http://www.kyowoo.co.kr

등록 / 1994. 3. 24 제1994-000013호

ISBN 979-11-251-0177-2 (93410)

값 20,000원